总主编 周卓平 蒋 柯

做情绪的主人

情绪管理与健康指导手册

第五册

积极心理学

本册主编 孙雨圻 朱莎莎

上海教育出版社
SHANGHAI EDUCATIONAL
PUBLISHING HOUSE

目录

走进积极心理学

积极心理学

【知识导图】

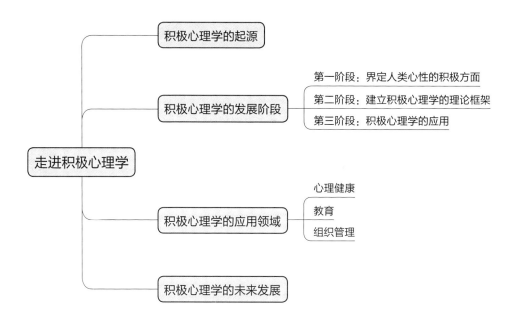

　　积极心理学是心理学领域的一场革命，也是人类社会发展史中的一个新里程碑。积极心理学是一门从积极的角度出发研究传统心理学的新兴科学。2000 年，塞利格曼（Martin Seligman）和契克森米哈赖（Mihaly Csikzentmihalyi）发表了一篇题为《积极心理学导论》的论文，标志着积极心理学这一研究领域的起步。积极心理学采用科学的原则和方法来研究幸福，倡导心理学的积极取向，研究人类的积极心理品质，关注人类的健康、幸福与和谐发展。积极心理学是一门关注个体积极方面的心理学，积极心理学经历了多个发展阶段。接下来，我们将详细探讨积极心理学的起源、积极心理学的发展阶段、积极心理学的应用领域和积极心理学的未来发展。

积极心理学的起源

　　"积极"一词源自拉丁语 positism，意为"实际"或"潜在"，既包括个体的内心冲突，也包括个体的潜力。积极心理学的研究可以追溯到 20 世纪 30 年代特曼（Lewis Terman）关于天才和婚姻幸福感的探讨，以及荣格关于生活意义的研究。20 世纪 60 年代，人本主义心理学和关于人类潜能的研究，为积极心理学的发展打下良好的基础。然而，受第二次世界大战的影响，积极心理学的研究转向治愈战争带来的创伤和士兵的精神疾患，心理或行为研究转向寻找治疗和缓解创伤的方法，对人的积极性的研究似乎被所有人遗忘了。这种关注心理消极方面的研究模式在整个 20 世纪占据了心理学发展的主导地位。然而，到了 20 世纪末，西方心理学界兴起了一股新的研究思潮——积极心理学。这股思潮的创始人是美国当代著名的心理学家塞利格曼、谢尔顿（Kennon M. Sheldon）和金（Laura King）。他们给积极心理学下定义，揭示了积极心理学的本质特点，即积极心理学是致力于研究普通人的活力与美德的科学。他们提出，积极心理学要关注人类积极的品质，充分发掘人固有的、潜在的、具有建设性的力量，这才是促进个人和社会发展，是人类走向幸福的根

记下你的心得体会

4

本动力。除此之外，积极心理学批判过去传统，关注心理消极方面，提出利用心理学的研究方法与测量手段，研究人类的一些积极品质。

【知识卡】

《积极心理学：批判性导论》

《积极心理学：批判性导论》是上海社会科学院出版社2021年翻译引进的一本关于积极心理学的入门级读物，旨在介绍积极心理学的基本理论、研究方法和应用，帮助人们理解和应用积极心理学的概念和理论，作者是乔瓦尼·B.莫内塔。积极心理学是心理学的一个分支，关注个体和群体的幸福、优势和积极体验，以及如何通过积极的思维和行为来提高个人的生活质量。相对于关注问题和疾病的传统心理学，积极心理学更关注个体的优势、成长和幸福感。

《积极心理学：批判性导论》一书包括以下内容。

1. 积极心理学的基本概念：介绍积极心理学的定义、核心概念和研究范畴，如幸福感、积极情绪、心流等。

2. 积极心理学的理论模型：介绍积极心理学的主要理论模型，如正向心理资源理论、幸福感理论、优点与美德理论等。

3. 积极心理学的研究方法：介绍积极心理学的研究方法和测量工具，如问卷调查、实验研究、心理评估等方法，帮助读者了解如何开展积极心理学的科学研究。

4. 积极心理学的应用领域：介绍积极心理学在教育、组织、临床等领域的应用，以及如何应用积极心理学的方法和技术提升个人的幸福感和生活质量。

该书内容专业，结合理论与实践，旨在向读者全面而系统地介绍积极心理学的理论观点，帮助读者理解和运用积极心理学的原理和方法，从而提升个人的幸福感、满足感和成就感。

积极心理学的发展阶段

第一阶段：界定人类心性的积极方面

在积极心理学的发展初期，心理学家主要关注的是人类心性的积极方面。他们试图界定人类的优点和积极方面，从而为积极心理学的发展奠定基础。

心理学家发现，人类的优点和积极方面包括生命意义、快乐、满足感、成长、价值观、创造力、爱和关系等方面。这些优点和积极方面对人类的生活有着重要的影响，对于人类的幸福和成功有着重要的作用。

第二阶段：建立积极心理学的理论框架

随着对人类的优点和积极方面的界定，积极心理学开始建立自己的理论框架。心理学家提出了多种理论，如自我决定理论、幸福理论、流畅体验理论等，这些理论为积极心理学的发展提供了理论基础。

第三阶段：积极心理学的应用

随着理论框架的建立，积极心理学开始走向应用。心理学家开始将积极心理学的理论和方法应用于个体的心理健康、教育、组织管理等领域。这些应用的成功，进一步推动了积极心理学的发展。

积极心理学的应用领域

心理健康

积极心理学的应用领域之一是心理健康。心理学家通过积极心理学的理论和方法，帮助个体发现自己的优点和积极方面，增强自信和自尊，提高心理健康水平。积极心理学在心理治疗、心理咨询等心理健康领域有着广泛的应用。

教育

积极心理学的应用领域之二是教育。心理学家通过积极心理学的理论和方法，帮助学生发现自己的优点和积极方面，激发学生的学习动力和创造力，提高学生的学习成绩和自信心。积极心理学在教育教学和学生管理等教育相关领域有着广泛的应用。

组织管理

积极心理学的应用领域之三是组织管理。心理学家通过积极心理学的理论和方法，帮助员工发现自己的优点和积极方面，激发员工的工作动力和创造力，提高员工的工作绩

记下你的心得体会

8

效和满意度。积极心理学在人力资源管理和组织发展等组织管理领域有着广泛的应用。

积极心理学的未来发展

积极心理学的未来发展将会更加广阔。随着人类对生命意义、幸福感、成长与发展的需求不断增加，积极心理学将会在更多的领域得到应用。未来，积极心理学将逐渐从"补偿缺点"向"发展优点"转变，为人类的幸福和成功提供更多的支持。

积极心理学的发展可以促进个人幸福感和心理健康。积极心理学的研究和实践旨在帮助人们提高幸福感和心理健康水平，通过积极的情感、态度和行为，促进个人的成长和发展。在今天这个快节奏和高压的社会，积极心理学为人们提供了一种全新的生活方式和思维模式，使人们更加关注自身的心理健康和幸福感。积极心理学不仅关注个人的幸福感和心理健康，还关注组织和社会的健康发展。积极心理学的研究可以帮助组织和社会调整结构和机制，更好地发挥人的潜力

记下你的心得体会

和创造力，促进组织和社会的繁荣和发展。例如，积极心理学的研究可以帮助企业更好地管理员工的情感和情绪，从而提高员工的工作满意度和工作绩效，促进企业的可持续发展。

积极心理学的研究和实践还可以帮助人们提高生活质量和社会福利。通过积极心理学的方法和技术，我们可以更好地应对生活中的挑战和困难，提高生活满意度和生活质量。同时，积极心理学的研究还可以为社会福利提供新的思路和方法，如通过幸福指数的测量和评估改善社会福利水平。积极心理学的研究方法和技术为心理学研究和实践提供了新的思路和方法，如通过正念训练提高个体的幸福感和心理健康水平，通过表达积极情感促进个体的情感健康等。

小结

1. 积极心理学有三个发展阶段：第一阶段，界定人类心性的积极方面；第二个阶段，建立积极心理学的理论框架；第三个阶段，积极心理学的应用。

2. 积极心理学的主要应用领域：心理健康、教育和组织管理。

反思·实践·探究

男生王某，上课睡觉，无精打采，不完成老师布置的作业，甚至逃课、旷课。对父母态度恶劣，叛逆心强，处处与父母和老师作对。

为了了解王某这样做的原因，王某的老师决定从王某的父母和朋友处入手，通过与王某的父母和朋友交谈，深入了解王某。在与王某的父母交流的过程中，王某的老师了解到，由于王某的父亲脾气比较暴躁，王某与他父亲的关系极差。同时，王某的老师在其他老师处了解到，王某在班上提到他父亲的不是，对父亲极为反感。王某的父亲了解到王某对他的态度和感受后，颇受触动。在老师的真诚劝导下，王某的父母承认，作为家长，他们确实不够关心王某，这对王某的健康成长极为不利。在老师的教育下，王某的父母承认，应关注孩子的成长，尊重孩子的自尊心，信任孩子并了解他们的内心世界。

苏霍姆林斯基曾说："儿童的智慧在他的手指尖上。"只有真正进入孩子的内心世界，才能了解他们丰富的智慧和细腻的内心世界，才能与孩子更融洽地相处。要相信孩子有独立处理事务的能力，允许并积极邀请孩子参与家庭的管理。例如，让孩子在周末时尝试做家长，由他们安排各个家庭成员的活动，这不仅展示了孩子的能力，同时使他们做到了换位思考，加强了与父母的情感。

简要评价王某父母的教育措施。

幸福汉堡模型

【知识导图】

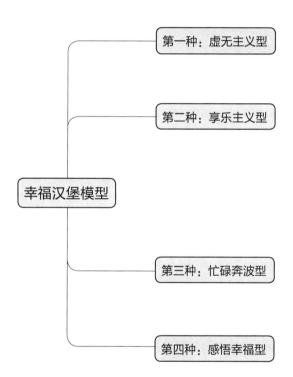

幸福汉堡模型是一个非常有趣的概念，它让我们想到了幸福的多层次结构。幸福汉堡模型不仅可以帮助我们更好地理解幸福的本质，还可以帮助我们找到实现真正幸福的方法。幸福汉堡模型提醒我们，幸福是多个因素共同作用的结果，不是单一的因素可以决定的。

【知识卡】

马斯洛需要层次理论

马斯洛（Abraham Harold Maslow，1908—1970）是著名的心理学家，人本主义心理学创始人之一。1943年，马斯洛在《心理学评论》上发表了题为《人类动机理论》的文章。在这篇文章中，马斯洛提出了一种需要层次理论。马斯洛认为，人类存在两类不同的需要：一类是低级需要，也称为生理需要，如食物、水、睡眠、性欲等；另一类是高级需要，也称为潜能需要，如自我实现、爱、尊重、自我价值等。

马斯洛认为，人类的高级需要是在满足低级需要的基础上逐渐出现的。一旦低级需要得到满足，人们就会追求更高级的需要，这种追求是无止境的。马斯洛将这些需要由低级到高级分成了五个层次：生理需要、安全需要、社交需要、尊重需要和自我实现需要。这些需要依次得到满足，才能逐渐实现人类的全面发展和自我实现。

马斯洛的需要层次理论在心理学领域引起了广泛的关注和研究，并被应用于管理学、教育学、营销学等领域，为人们认识自己和他人的需要提供了一种新的视角，也为人们理解人类行为和心理提供了新的思路。

幸福可以从心理学的角度和哲学的角度来界定。

从心理学的角度来看，幸福是一种主观感受，是个体对自己生活的满意程度和积极的情绪体验。从哲学的角度来看，幸福是一种终极价值，是人类生活中最重要的追求目标之一。

不同人追求幸福的方式也不尽相同。有些人认为，幸福就是追求物质上的富足和享受；有些人则认为，幸福来自精神上的满足和成就感。但是，无论追求幸福的方式如何，真正的幸福都需要同时兼顾当下利益和未来利益，才能获得真正的幸福。

幸福汉堡模型将幸福分为了四种类型，这四种类型代表了不同的生活态度和价值取向（如图 1 所示）。

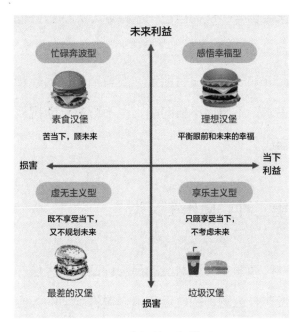

图 1　幸福的汉堡模型

第一种：虚无主义型

虚无主义型对应的是那种又难吃又没有什么营养的最差的汉堡。这种类型的人是由过去的失败和挫折形成的胆小怯懦之辈，他们不知道自己现在应该做什么或者要实现什

记下你的心得体会

17

么，对未来更是缺少规划。

虚无主义型的个体这种既不享受当下，又不规划未来的状态主要源于过去的失败和挫折。过去的失败让他自卑、失落、退缩、自暴自弃，认为自己一无是处，无法做好任何事情，总觉得自己是一个无能无用的人，因此对未来也没有期望，没有自己的目标和追求，不愿意不断向前，也不愿意不断挑战自己。

第二种：享乐主义型

享乐主义型对应的是那种口味诱人但却没有什么营养的垃圾汉堡，这种类型的人会为了眼前的快乐而牺牲未来可能的幸福。这种类型的人通常觉得未来很遥远，与其追求未来的幸福，不如及时享乐。他们注重眼前的利益，但却没有考虑未来的利益，因此失去了方向，感到困扰。为了消除困扰，他们会选择忘却未来，及时行乐。这种类型的人是十足的功利主义者，只在乎眼前的利益，而不关心未来。人的心理通常有"物极必反"或"向相反方向变化"的特点。一般而言，如果追求外部刺激或物质享受并得到满足，下次要获得同样的快乐，就要追求更大的外部刺激或物质享受。

第三种：忙碌奔波型

忙碌奔波型对应的是口味很差、不好吃、吃得痛苦难受，但里边全是蔬菜和有机食物的素食汉堡。这种类型的人为了追求未来的幸福目标，牺牲眼前的快乐和幸福。这种类型的人把当下吃苦看作是为未来的美好做准备，他们为了追求未来的利益牺牲了现实的利益。因此，这种类型的人会盲目追求，忙忙碌碌，看到赚钱的机会就去做，但并没有一个明确的目标。同时，如果未来的目标太多，就会形成更多的冲突。这种类型的人什么都想干，但可能什么都干不成。这种类型的人，在日常生活中经常会坚持"不吃苦中苦，难为人上人"的观点，他们相信，只有通过当下付出努力才能获得美好的未来。

记下你的心得体会

第四种：感悟幸福型

感悟幸福型对应的是那种既美味又营养健康的理想汉堡。这种类型的人既觉得当下的生活充实、有价值、有意义，对当下的生活感到满意，能享受当下所做的事；又对未来充满憧憬和希望，相信自己会有更美满的未来。这种类型的人知道自己现在能做什么、该做什么、不能做什么、不该做什么，也知道未来要做什么、能做什么、该做什么、不该做什么。因此，他们现在能够充分发挥自己的能力，同时也知道自己将来的发展方向，可以作出更好的选择，更好地发展自己，提升自己。这种类型的人既有现实需要，也有未来需要，且未来需要会进一步转变成理想。由此把现实需要和未来需要结合起来，通过满足现实需要，一步一步接近并实现未来需要。这种类型的人通常会采用顺推法或倒推法进行人生设计，由现在的素养或需要出发，一步步推至未来实现理想；或从未来理想出发，倒过来一步步推导，推出自己现在应该作什么，应该具备什么能力。这种类型的人不仅关注眼前的利益，还能够看到未来的美好，因此他们是一个有远见、有目标、有计划、有行动力的人。

在现代社会，越来越多的人感到生活中的压力和焦虑。很多人都在追逐着物质上的富足和享受，而忽略了精神上的满足和成就感。他们为了追求更多的物质财富和地位，不惜付出高昂的代价，却往往无法真正体验到当下的幸福的感觉。为了获得幸福，人们需要先确立奋斗目标，确立生活的意义，并找出内心深处真正渴望的幸福。然后，从现在开始舍弃那些不重要的事情，为自己向往的生活安排更多时间，珍惜当下，过好每一天。我们可以通过一些积极心理学的方法，例如，乐观、感恩、自我肯定、积极情绪调节等来提高自己的幸福感。

总之，幸福汉堡模型为我们提供了一个全新的视角，让我们可以更好地理解幸福的本质和实现方法。只有在平衡当下利益和未来利益的基础上，我们才能获得真正的幸福和满足。我们应该珍惜眼前的每一天，充分利用时间和资源，让自己的生活更加丰富多彩，让自己拥有更多的幸福。

记下你的心得体会

小结

1. 幸福是一种主观感受，是个体对于自己生活的满意程度和积极的情绪体验。

2. 幸福汉堡模型包括四种类型：虚无主义型、享乐主义型、忙碌奔波型、感悟幸福型。

反思·实践·探究

年轻人小明在职场上面临一个重要的选择。他有两个工作机会：一个是一家薪水丰厚的大公司；另一个是当下薪水较低但未来潜力无限的小型创业公司。如果用幸福汉堡模型来分析，我们可以得到四种不同的选择，每种选择都代表了一种不同的人生。

第一种，小明选择去大公司工作，享受高薪和高福利的待遇。这意味着小明当下可以利用高薪充分享受生活。

第二种，小明选择去小型创业公司，虽然当下工资较低，但未来有更多成长的机会。随着公司的发展，未来也有获得财富自由的可能。这意味着当下小明可能要付出更多的努力去奋斗，也可能会面临更多的困难和挑战，但未来可能会实现财务自由的梦想。

第三种，小明两种选择都不选。小明陷入迷茫和无所追求的状态，对生活失去了希望和动力，不愿意享受当下，也对未来不抱有期待。

第四种，小明作出另外一种选择。这种选择既可以让他享受创业公司的潜能，也能为未来的成功打下坚实的基础。

请结合自己的实际情况思考，如果你是小明，你会作出怎样的选择？为什么？

自我控制力

积极心理学

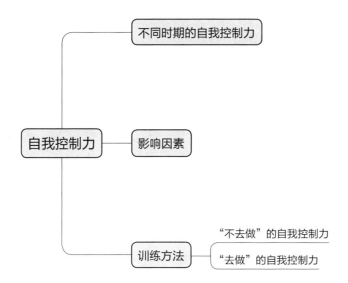

研究者兰格和罗丁对老年人的控制力这个议题感兴趣，因此在养老院开展了一个实验。他们选取了 91 名年龄在 65—90 岁，认知和行为功能正常的老年人，将他们分成实验组和对照组。实验组叫作责任感提升组，住四楼，让他们自己照顾自己，自己选择要怎样安排自己的活动和时间；对照组住二楼，绝大部分的决策都由养老院来决定。为了确保两组老年人基线一致，在分组前，老年人分别填写自评问卷和护士评估问卷，一周之后，再将这些老年人随机分配到实验组和对照组。实验进行三周后，责任感提升组 93% 的老年人被护士评为整体功能有所改善，对照组只有 21% 的老年人被评为整体功能有所改善。

以上案例表明，掌控自己的生活对老年人的身体和心理健康有着重要的影响。这对我们日常生活作出积极选择具有启示意义。

自我控制力是一个人面对外部刺激和内部诱惑时自主控制自己行为和情绪的能力，是一个人成长、发展和成功的关键因素之一。自我控制力对一个人的生活、工作和学习都有非常重要的意义。在个体发展的各个阶段，自我控制力具有不同的内涵和作用。

不同时期的自我控制力

自我控制力是影响一个人成长、发展和成功的一个非常重要的因素。一个拥有良好自我控制力的人，能够更好地应对生活中的各种挑战和困难，同时也能够更好地掌控自己的情绪和行为，避免作出错误的决策。在个体发展的不同时期，自我控制力具有不同的内涵和作用。

在儿童期，自我控制力主要表现为儿童对自己情绪和行为的调节。一个有良好自我控制力的孩子，能够在面对挫折、困难和压力时，保持冷静和理智，不会轻易崩溃和失控。同时，他们也能够更好地掌控自己的情绪和行为，不会因为一时冲动而作出错误的决策。随着年龄的增长，自我控制力的内涵和作用也逐渐发生变化。

在青少年期，自我控制力不仅包括青少年对自己情绪和行为的调节，还包括对自己思想和价值观的控制。在青少年期，个体的身份认同和价值观正在形成中，自我控制力的作用是帮助青少年更好地控制自己的思想和价值观，不因外界影响而轻易改变自己的想法和信仰。同时，在青少年期，青少年的自我控制力还要面对许多诱惑和挑战，如性、毒品和犯罪等。一个有良好自我控制力的青少年，能够更好地抵制这些诱惑和挑战，走上正确的道路。

在成年期，成年人面对的挑战和压力更加复杂和多样化，自我控制力的作用变得更加重要。在这一时期，自我控制力的内涵和作用进一步扩展和复杂化。一个有良好自我控制力的成年人，能够更好地掌控自己的情绪和行为，避免因为情绪失控而作出错误的决策。同时，他们也能够更好地控制自己的思想和价值观，不会被外界的声音和诱惑左右。在职场和家庭中，自我控制力也是一个非常重要的因素。一个有良好自我控制力的成年人，能够更好地应对工作中的压力和挑

记下你的心得体会

战，以及家庭中的冲突和矛盾。

影响因素

除了不同发展阶段，自我控制力还受许多其他因素的影响。其中起主要作用的是心理因素和社会因素。心理因素是个体的内在因素，主要包括情绪管理困难、自信心缺乏和内在动机不足。情绪管理困难是造成自我控制力差的最主要原因。当个体不懂得如何管理自己的情绪时，比较容易沉浸于负面情绪，难以从这些负面情绪中摆脱出来，最后导致自己的自我控制力受损。当个体在充满自信的时候，会觉得自己对一切事物都有把握，因此拥有更好的自我控制力。反之，当个体缺乏信心时，会失去对事物的掌握感，会产生无用的感觉，导致失去自我控制力。内在动机也会影响个体的自我控制力。当个体缺乏明确的自我价值和目标时，会导致缺乏积极的内在动机，进而失去对事物的掌控。

外在的因素则是社会环境因素。人是生活在社会中的人，因此人的自控力还会受社会环境的影响。日常生活中的一些压力、人际冲突和某些事情上的挫败都会导致个体失去良好的自我控制力。我们需要了解自我控制力的影响因素，关注自己的自我控制力状态，并不断加强自我控制力的培养和训练，从而更好地应对生活中的各种挑战和困难。

训练方法

自我控制力的训练方法分为"不去做"的自我控制力和"去做"的自我控制力两方面。

"不去做"的自我控制力

"不去做"就是控制自己不去做什么，这主要依赖法律、道德等一些外部规则。相对来说，"不去做"的自我控制力是比较容易培养的，日常生活中会有很多情境帮助人们形成这一类自我控制力。例如，对于绝大部分人来说，即便再气愤也不会杀人放火，这就是我们心中的法律感和道德感在起作用。法律法规将我们一些过激的想法否定在摇篮中。"不去做"的自我控制力萌发于 6

岁以前的家庭教育。

婴儿期（1—3岁）：规则提醒。 从出生至3岁，婴儿的身体和脑发生巨大的变化，身体成长和动作技能的发展非常快。这一阶段我们可以通过规则提醒锻炼婴儿的自我控制力。这也是帮助婴儿建立初步自我控制力的一种方法。在这一阶段，可以尝试教婴儿一些简单的规则，如将自己的纸尿布扔进垃圾箱、饭前要洗手等。如果在这一阶段没有任何规则提醒，婴儿的自我控制力意识发育可能会受到一定的损伤。

幼儿期（3—6岁）：假装游戏。 这一阶段的幼儿道德感分明，开始与同伴建立关系。这一阶段的幼儿经常会假装他们是别的什么人（例如，妈妈或超人），并在扮演这些角色时使用一些道具来代表与角色有关的东西。幼儿在进行假装游戏时，他们开始学习从第三视角来看待问题。因为他们看问题的视角变了，所以他们会更加冷静、理性，同时也能够找到更多解决问题的方法。一项研究让4岁幼儿玩一个复杂的开锁游戏，想观察幼儿能坚持多久。研究者给一组幼儿戴上蝙蝠侠的头饰，并告诉他们把自己想象成蝙蝠侠，是蝙蝠侠在开这个锁；另外一组是对照组，幼儿没有任何头饰，自己开锁。结果表明，与控制组幼儿相比，假装自己是蝙蝠侠的幼儿会在开锁游戏上花更多的时间，更愿意尝试多种不同的方法。研究者将这个结果命名为"蝙蝠侠效应"。一个简单的假装游戏，竟然能让幼儿产生这么大的改变。这里面的科学原理是，假装行为与实际行为之间共用同一个大脑网络。换句话说，不管你是假装坚持不懈，还是你本来就是一个坚持不懈的人，两种坚持不懈行为都会激活同一个大脑网络。当幼儿"假装"自己是蝙蝠侠的时候，他们激活的大脑网络跟蝙蝠侠的一样。

学前期（5—7岁）：冷聚焦策略。 学前期儿童开始拥有具体化的逻辑思维。冷聚焦策略是把刺激源放冷，客观认知刺激源。加拿大认知心理学家丹尼尔把刺激源诱发的情绪分成两种：一种是具体、主观的热情绪，例如，看到棉花糖，你想到的是甜甜的、软软的感觉，并自动触发你想吃棉花糖的愉悦

记下你的心得体会

情绪；另一种是抽象、客观的冷情绪。例如，同样看到棉花糖，你想到的是白色的、小小的、高热量的食物。我们要引导学前期儿童发展这种抽象的、客观的冷情绪，让孩子学会更加冷静地处理信息。引导孩子从热情绪转换成更加抽象的冷情绪并不是一件容易的事，需要在日常生活中积累和锻炼。对于一些可能引起儿童冲动，而我们又想加以控制的刺激，我们要增加对该刺激的客观描述，帮助儿童更理性地面对。

"去做"的自我控制力

"去做"的自我控制力就是控制自己去做正确的、该做的，但是做起来比较困难的事情。相对于"不去做"的自我控制力，"去做"的自我控制力更难培养。

首先，个体要设立积极、明确的人生目标，控制自己的欲望。在日常生活中积极反省，定期给自己设立小目标，完成小目标后可以适当给自己一些奖励。比如，如果我们想养成每天运动一小时的习惯，最初可以给自己设定每天运动 10 分钟，连续运动一星

记下你的心得体会

期的小目标。实现这个小目标后，可以奖励自己休息一天。通过奖励来激励自己，帮助自己控制人生的方向。

其次，个体要积极与人沟通，学会表达自己。这是一种有效控制自己欲望和负面情绪的方法。不要让生活中的矛盾、冲突压抑在心里。因为这些负面情绪压抑太久会反弹，压抑越久后果就越严重。因此，我们要及时与外界沟通，抒发自己的烦忧。

【知识卡】

人 格 特 质

人格特质是一种能使人的行为倾向表现出一种持久性、稳定性、一致性的心理结构，是构成人格的基本因素。

人格特质越是稳定，在不同情境下出现的频率越高，那么在描述个体行为时就显得越重要。

罗马医生盖伦根据希波克拉底的体液类型理论，把人格特质分为多血质、黏液质、胆汁质、抑郁质四种。

英国心理学家艾森克（Hans Jurgen Eysenck，1916—1997）

认为，人格的基本维度是内向与外向、神经质与稳定性，并以内、外向为一个维度，以神经质（稳定和不稳定）为另一个维度，绘制出人格结构图，把人格分成4种类型、32种人格特质。

自我控制力又称自我监控、自我管理、自我调整、自律性管理，是自我意识的重要成分。自我控制力是个体对自身的心理与行为的主动掌握，调整自己的动机与行为，以达到预定的模式或目标的自我实现过程。自我控制力是一种重要的人格特质。

高自我控制力者可以根据外部环境调整自己的行为，表现出较高的适应性，他们对环境线索十分敏感，能根据不同情境采取不同行为并能使公开角色与私人自我之间表现出极大差异。低自我控制力者不能根据外部环境调整自己的行为，倾向于在各种情境下表现出自己的真实性情和态度，因而，低自我控制力者的公开角色和私人自我之间存在高度一致性。高自我控制力者比低自我控制力者更关注他人的活动，行为更符合习俗。

记下你的心得体会

高自我控制力者在管理岗位上更容易获得成功，因为高自我控制力者在管理岗位上可以扮演多重甚至相互冲突的角色。

自我控制力是个体对自身行为、思想和言语的控制，既可以发动行为，也可以制止行为。换句话说，自我控制力可以支持个体做某一行为，同时抑制与该行为无关或有碍于该行为的行为。

个体应该有意识地进行自我认知和自我体验，以更好地控制自我，调节自己的行为，使行为符合群体规范，符合社会道德要求。通过训练个体的自我控制力，还可以提高个体的工作效率。

总之，自我控制力是一个人成长、发展和成功的关键因素之一。自我控制力的内涵和作用随着个体的成长和发展而不断变化，需要通过训练不断地加以培养和提高。一个有良好自我控制力的人，能够更好地应对生活中的挑战和压力，走上成功的道路。个体需要通过锻炼和其他方法，培养和提高自我控制力，从而更好地掌控自己的情绪、行为和思想，成为一个成功的人。

記下你的心得体会

小结

1. 自我控制力是一个人面对外部刺激和内部诱惑时，自主控制自己行为和情绪的能力，是一个人成长、发展和成功的关键因素之一。

2. 自我控制力受心理因素和社会因素的影响。

反思·实践·探究

小明今年5岁了，上幼儿园大班，可爱而活泼。然而，他有时候很难控制自己的情绪和行为，这导致他经常受到老师和家长的批评。他常常与同学发生冲突，打架、发脾气、哭闹等行为引起了大家的关注。

1. 自我控制力是什么？有什么作用？

2. 小明是否有自我控制力？如何帮助小明提高他的自我控制力？

心理资本

【知识导图】

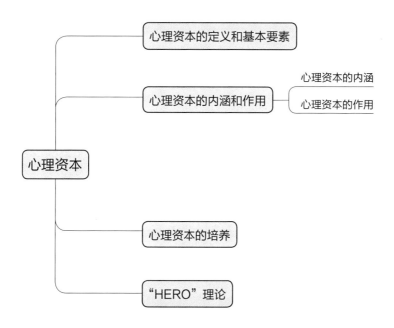

从前有一个小男孩，他非常喜欢探险和冒险。有一天，他听说了一个神秘的故事，那是关于一座被遗忘在山脉深处的古老城堡的传说。据说，城堡里藏着无数的宝藏和秘密。小男孩对这个故事非常感兴趣。于是，他决定开始一段冒险之旅，去寻找故事里的这座城堡。他走了很长时间，终于来到了山脉的深处。但是，他发现自己遇到了一个巨大的障碍——一条深不见底的河流，没有桥梁或者船只可以帮助他过河。小男孩感到非常沮丧，他想要放弃，但是他也知道，如果他想要找到那座城堡，他必须克服这个障碍。

于是，小男孩开始思考，他怎么才能找到过河的方法。他回想起自己曾经学过一种技能——跳跃。于是，他开始寻找摆荡的位置和跳跃的角度，经过尝试，他成功地跳过了河流。

在探险的路上，等待小男孩的还有更大的挑战和更多的障碍，但是他总是思考和寻找新的方法，积累了越来越多的心理资本。最终，他成功地找到了那座传说中的城堡，发现了里面的宝藏和秘密。这一切都是因为他拥有了足够的心理资本，克服了一个又一个挑战和障碍。

这个故事告诉我们，心理资本是成功的关键。当我们遇到挫折和困难时，我们需要保持积极心态和创造性思维，不断寻找解决问题的方法和思路。通过不断努力和积累，我们就可以拥有足够的心理资本，克服障碍，达到目标。

心理资本的定义和基本要素

心理资本是指个体通过修炼自身的心理素质以达到更好的自我发展和适应社会的能力。心理资本是个体在认知、态度、情感和行为方面积累的积极的心理资源，这些心理资源可以帮助个体更好地应对生活中的压力和挑战。

心理资本的基本要素包括：自信、自控、乐观、坚韧。这些基本要素能够帮助个体更好地应对生活中的挑战和困难，增强个体的自我效能感和幸福感。这些基本要素的培养需要个体不断地进行自我反思和自我调整，进而形成自我认知和自我管理的能力。

心理资本对个体发展、教育和职业生涯有着重要的意义。

心理资本对个体发展有重要的意义。在日常生活中，我们应该注重培养自己的心理素质，积累心理资本，以更好地应对生活中的挑战和困难。

心理资本对教育有重要的指导意义。教育不仅要培养学生的知识和技能，也要培养学生的心理素质。在教育过程中，教育者应该注重培养学生的自我认知和自我管理能力，以及积极的情感体验和情感调节能力。这样的教育能够帮助学生积累心理资本，以更好地适应社会，发展自我。

心理资本对职业生涯有重要的意义。在现代社会，职业生涯的成功不仅依赖个体的专业技能和经验，还依赖个体良好的心理素质。例如，自信和乐观的心理素质能够帮助个体更好地应对职业生涯中的挑战和失败，而坚韧则能够帮助个体在职业生涯中保持稳定和持久地发展。

记下你的心得体会

心理资本的内涵和作用

心理资本的内涵

心理资本是一种非物质性的心理资源，是个体在认知、情感和行为方面的积极的心理特质和素养。心理资本的内涵包括以下四个方面。

自我效能感。自我效能感指个体对自己能够完成某项任务的信心和能力。这种信心和能力可以帮助个体在面对挑战时更加自信，并能更好地应对挑战。

乐观主义。乐观主义指个体对未来充满期望和信心。这种期望和信心可以帮助个体在面对困难时更加坚定，并能更好地应对困难。

希望。希望指个体对未来的愿望和期望。这种愿望和期望可以帮助个体在面对挑战时更加积极，并能更好地应对挑战。

内在动机。内在动机指个体对某项任务有内在兴趣和动力。这种内在兴趣和动力可以帮助个体在完成任务时更加专注，并能更好地完成任务。

总之，心理资本是个体在认知、情感和行为方面的积极的心理资源，可以帮助个体更好地应对生活中的挑战和压力。

心理资本的作用

心理资本对个体的作用主要体现在以下五个方面。

促进个体的自我发展。 心理资本可以促进个体的自我发展，帮助个体更好地认识自己，从而更好地发挥自己的潜力。

提升个体的生活质量。 心理资本可以提升个体的生活质量，使个体更加健康、快乐、满意和成功。

帮助个体应对挑战和压力。 心理资本可以帮助个体应对生活中的挑战和压力，使个体更加坚韧、自信和有力量。

促进团队和组织的发展。 心理资本可以促进团队和组织的发展，使团队和组织更加成功，充满活力。

激发个体的创造力和创新能力。 心理资本可以激发个体的创造力和创新能力，使个体更有创意。

总之，心理资本对个体的作用是多方面的，可以促进个体的自我发展，提升个体的生活质量，帮助个体应对挑战和压力，促进团队和组织的发展，激发个体的创造力和创新能力。

心理资本的培养

情绪管理师可以通过培养和发展个体的心理资本，提高个体的心理素质和心理能力。具体来说，心理资本的培养可以从以下四个方面入手。

培养自我效能感。可以通过设置适当的目标、提供充足的资源和支持，以及提供及时的反馈来培养个体的自我效能感。

培养乐观精神。可以通过强调积极事件、提供支持和鼓励，以及提供乐观的信息来培养个体的乐观精神。

培养希望。可以通过提供有意义的目标、提供支持和鼓励，以及提供充满希望的信息来培养个体的希望。

培养内在动机。可以通过提供有挑战性的任务、提供自主性和选择性，以及提供及时的反馈来培养个体的内在动机。

总之，情绪管理师可以通过培养个体的自我效能感、乐观精神、希望和内在动机，培养和发展个体的心理资本，提高个体的心理素质和心理能力，从而使个体更好地应对生活中的挑战和压力。

"HERO"理论

在心理资本理论中，有一个著名的"HERO"理论。

"H"代表希望。希望是心理资本理论中的一个关键概念。如果你的内心充满希望，你就是自己的英雄。不管是工作还是生活，个体都要充满希望、充满斗志地面对，执着于自己想要达到的目标。这种积极的精神状态对个体的发展非常重要。只有充满斗志和希望的人才能够迎接工作和生活中的挑战，克服障碍，最终实现自己的目标。希望是一种强大的动力，让人们能够坚持不懈地追求自己的梦想。

为了取得成功，你会适当地调整实现目标的方法。在这里，我们要强调一下认知灵活性，即个体在处理问题和思考时，不仅要内心充满希望，还要有灵活调整实现目标的方法的能力。在现实生活中，情况总是会不断发生变化的，因此个体需要具备灵活的思维方式，能够及时调整自己的计划和策略，以适应不断变化的环境和挑战。

"E"代表自我效能。自我效能是个体认为自己在充满挑战的工作中成功的信念。如果个体有信心并付出必要的努力，就能提高个体的自我效能感和实现目标的能力。自我效能感是人面对挑战时的一种内在信念，它可以极大地影响人的行为和结果。因此，个体需要不断提高自己的自我效能感，让自己更有自信和决心地迎接挑战。

"R"代表韧性，即心理弹性。具备韧性的个体在遭遇挫折时能够迅速恢复并继续前行。在人生的旅途中，我们难免会遭遇挫折和失败，但是只有具备韧性的人才能在遭遇挫折时不被击垮，继续前行。韧性是一种能力，需要个体通过不断训练和实践来提高。

"O"代表乐观。乐观是个体对现实和未来积极的归因方式。乐观是基于现实的灵活的乐观而非盲目的乐观。乐观态度可以帮助个体更好地应对挑战和压力，保持良好的心态。有时候，个体可能会面临困难的问题，但只要个体拥有乐观的态度，相信自己可以克服困难，个体就能够取得成功。

希望、自我效能、韧性和乐观共同构成"HERO"——一个积极心理资本的标志。当我们具备"HERO"的特质时，我们会更加自信、积极、乐观，能够更好地应对挑战和压力，提高自己的生活和工作质量。因此，我们应该不断地培养和提高自己"HERO"特质，让自己成为一个更加出色的人。同时，我们也应该通过自己的努力和行为，帮助他人成长和发展。

小结

1. 心理资本的基本要素：自信、自控、乐观、坚韧。

2. 心理资本的内涵包括以下四个方面：自我效能感、乐观主义、希望、内在动机。

3. 心理资本对个体的作用是多方面的。心理资本可以促进个体自我发展，提升个体的生活质量，帮助个体应对挑战和压力，促进团队和组织的发展，激发个体的创造力和创新能力。

4. 情绪管理师可以通过培养和发展个体的心理资本，提高个体的心理素质和心理能力，从而使个体更好地应对生活中的挑战和压力。

5."HERO"代表希望、自我效能、韧性和乐观。我们应该不断地提高自己的"HERO"特质，让自己成为一个更加出色的人。

反思·实践·探究

近两年来，心理资本作为一个全新概念影响越来越大。所谓心理资本，指的是一个人拥有的心理状态和心理素质资源。不论是管理者还是员工，每个人都拥有自己的心理资本，而心理资本的优劣对于工作业绩至关重要。一直以来，研究者关注作为个体心理状态和心理素质的心理资本。直到最近，研究者开始关注心理资本在企业或职场上的运用并进行系统研究。

与传统的物质资本或知识资本不同，心理资本更注重个体内在的犀利能力和心理素质。充足的心理资本可以帮助个体在面对挑战和压力时更加坚韧和自信，同时也能提高个体的情绪管理能力和适应能力。这些方面对于个体工作表现和职业生涯发展起到至关重要的作用。

员工的心理资本对企业和组织非常重要。培养和提升员工的心理资本可以带来诸多好处，如提高员工的工作满意度和幸福感，增强员工的创造力和创新能力，促进团队的凝聚力和合作能力。因此，越来越多的企业开始关注和重视员工的心理健康，提供心理健康支持和资源，推动员工的职业发展和个人成长，提高员工的心理资本。同时，个体也应该认识到心理资本的重要性，主动培养和提升自己的心理素质。

1. 心理资本的内涵包含哪几个方面？
2. 企业如何提高员工的心理资本？

心理资本的测量

【知识导图】

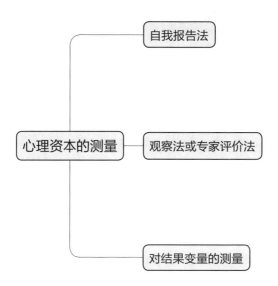

研究者使用一种名为 PsyCap（心理资本）的测量工具测量心理资本。该测量工具包括四个维度：乐观情绪、自尊、自我效能感和希望。研究者在一家公司招募了 200 名员工参与测验，测量员工心理资本水平，同时，用公司的绩效评估数据来评估员工的工作绩效。

研究结果表明，员工的心理资本水平与工作绩效之间存在着显著的正相关关系。特别是，乐观情绪、自尊和自我效能感与工作绩效之间存在显著的正相关关系。心理资本测量可以为组织提供有价值的信息，帮助组织更好地管理员工，提高员工的潜力和能力。通过评估员工的心理资本水平，组织可以了解员工的强项和弱项，并提供相应的支持和资源，以帮助员工实现自我成长和发展。心理资本测量还可以帮助组织识别和培养高潜力员工，制订有针对性的培训和发展计划，以提升员工的绩效和组织的竞争力。

心理资本指个体内在的、可发掘的、可塑造的、可转化为个体职业成功的心理资源。心理资本是一个新兴的心理概念，它是一种以心理学为基础，以资本理论为指导，以个体心理资源为核心，以发展心理学为支撑，以职业发展为导向的新型心理资源概念。心理资本是人类社会发展的重要组成部分，在如今竞争激烈的职场中，心理资本的重要性日益凸显。

如何测量心理资本？下面我们介绍三种测量心理资本的方法：自我报告法、观察法或专家评价法和对结果变量的测量。

自我报告法

常用的测量心理资本的方法是自我报告法。通过编制心理资本测量工具，我们可以收集或追踪个体的意见和态度，探究某一群体的心理特征以及个体的心理资本情况。自我报告法的好处是便于在日常生活中实施，但是这种方法存在一定的局限性。自我报告的数据可能受自我报告偏差、共同方法变异和社会称许性的影响。因此，在使用自我报告法时，要充分考虑测量工具的外部效度。

观察法或专家评价法

观察法或专家评价法也是测量心理资本的一种方法，即通过第三方观察或评价获得被评价者个体心理资本情况资料。虽然观察法或专家评价法施测简单，但是在使用的过程中，难以统一施测的标准和过程。因此，需谨慎使用此种方法。

对结果变量的测量

对结果变量的测量也是测量心理资本的一种方法。由于心理资本与一些结果变量有较为密切的关系，所以测量这些结果变量（如工作满意度）有助于帮助我们了解个体心理资本的状况。

在测量心理资本的过程中，人们使用各种不同的问卷。下面我们以一份心理资本问卷为例，简要介绍一下对心理资本的测量。这份心理资本问卷包含三个部分：希望、乐观和自我效能。每个部分包含五个问题，被试需要根据自己的实际情况，选择最符合自

记下你的心得体会

己的答案。我们这里只为每个部分列举两个
问题。

希望部分：

1. 当我遇到困难时，我会感到：

A. 迷茫和无助

B. 失落和沮丧

C. 困惑但不会放弃

D. 坚定不移地努力

2. 我对未来的期待是：

A. 不敢想太多，免得失望

B. 不太乐观，但也不太悲观

C. 比较乐观，相信未来会更好

D. 对未来充满信心和期待

乐观部分：

1. 当我面临挑战和困难时，我会：

A. 感到害怕和无助

B. 感到沮丧和失望

C. 感到困惑但不会放弃

D. 感到自信和勇气

2. 我认为自己的未来：

A. 没有任何改变

B. 有一点改变

C. 有很大改变

D. 发生很大质的变化

自我效能部分：

1. 我对自己的能力感到：

A. 没有信心

B. 有一点信心

C. 比较有信心

D. 非常有信心

2. 当我遇到挫折时，我会：

A. 感到崩溃和失落

B. 感到沮丧和无助

C. 感到挫败但不会放弃

D. 感到坚定不移地前进

通过分析问卷测量结果，我们可以得出个体的心理资本得分。对于这个问卷来说，希望、乐观和自我效能三个部分，每个部分的最高分为 20 分，最低分为 5 分，总分最高为 60 分，最低为 15 分。得分越高表明个体的心理资本水平越高。

记下你的心得体会

【知识卡】

心理资本量表

心理资本量表是由美国心理学家卢桑斯（Fred Luthans）及其同事在 2007 年开发，用于评估个体心理资本情况。卢桑斯及其同事将心理资本定义为一个人拥有的积极的心理资源，包括希望、乐观、抗逆和自我效能感。这些心理资源可以帮助个体应对挑战和压力，提高个体的适应力和创造力，从而提高个体的工作绩效和生活满意度。

史密斯（Gold Smith）等人在 2011 年对心理资本量表进行了修订和补充，增加了一项关于情感稳定性的测量维度。该量表共包含24个问题，分别对应于四个维度：希望、乐观、抗逆、自我效能和情感稳定性，每个维度下有 6 个问题。通过这些问题，可以评估个体在四个维度上的心理资本水平，从而帮助个体或组织发现和发挥自己或员工的心理资本和优势。

通过测量心理资本，我们可以了解个体拥有的积极的心理资源，为个体个人和职业发展提供有力支持。同时，我们也可以通过测量心理资本，了解个体心理资本的水平并培养心理资本，提高个体的幸福感和职业竞争力，从而实现个人价值最大化。然而，目前可靠而有效的心理资本测量工具包含的题目数较多，影响问卷的回收率和子量表的信度，所以情绪管理师在工作中使用心理资本量表时要充分考虑实际情况，选择最合适的测量方式。

小结

1. 心理资本指个体内在的、可发掘的、可塑造的、可转化为个体职业成功的心理资源。

2. 心理资本的测量方法：自我报告法、观察法或专家评价法、对结果变量的测量。

反思·实践·探究

近年来，心理资本的重要性在企业和职场中引起了广泛关注。中国科学院一位心理学教授指出，在一些企业中，员工的压力得不到正常的缓解，导致一系列悲剧发生。这位教授强调，要关注员工的心理健康情况。

心理资本作为一个新兴的概念，指的是个体在成长和发展过程中表现出来的积极心理状态，包括：自我效能感、希望、乐观、坚韧、情绪智力等。越来越多的企业人力资源管理部门已经意识到心理资本的重要性。心理资本作为一种无形的人力资本，可以为企业带来价值。

员工出现心理健康问题，已经引起大众的关注。年轻的打工者肩负着改变父辈生活质量和自身命运的使命，但往往缺乏清晰的目标和职业成长通道，容易陷入急功近利、自暴自弃和犹豫徘徊的状态。因此，他们需要得到更多的关注和支持。一位心理学教授指出，企业员工背景存在着较大的同质性，员工的自杀行为也具有一定的传染性。对于心理危机人群，除了需要及时给予危机干预，还要在日常的工作和生活中对员工进行生命教育和价值观教育。

越来越多的企业开始重视员工的心理健康问题，其中一种转变是引入柔性管理方式。从基层开始，优化人际关系，调整员工的分组，为员工提供同辈心理辅导等，更好地满足员工的需求，减轻员工的压力。

在处理员工心理健康问题时，企业应该了解员工的心理资本情况，关注员工的真实需求，根据不同层级员工的不同需求，提供个性化的减压方式。只有匹配他们的共性需求和个性需求，才能更好地关注和保护员工的心理健康。

1. 请说一下心理资本的重要性。

2. 为企业制订一份提高员工心理资本的计划。

自我效能感

【知识导图】

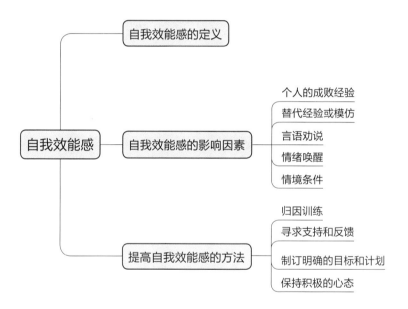

艾布特在学习方面一直表现不佳，尤其在数学方面。每当老师提出一个数学问题时，他总是觉得自己做不出来，很容易就放弃了。这让他的成绩一直处于中下水平。

为了帮助艾布特提高学习方面的自我效能感，艾布特的老师采取了一系列措施。首先，老师鼓励艾布特多做一些简单的数学题，让他体验到成功的快乐。当艾布特完成这些简单的数学题后，老师及时给予肯定和鼓励，让艾布特感到自己可以做好数学。其次，老师教艾布特思考和解决问题的方法，不断给予艾布特指导和帮助，帮助他克服困难，提高他问题解决能力。当艾布特遇到难题时，老师总是在一旁提供支持和帮助。艾布特逐渐掌握了数学知识和技能。

在老师的支持和帮助下，艾布特逐渐建立了学习数学的信心。他开始主动尝试做一些难题，当他遇到困难时，他也不再轻易地放弃，而是坚持尝试和思考。最终，艾布特的数学成绩明显提高了，他也变得更加自信和自信。

记下你的心得体会

在这个案例中，艾布特在老师的引导和帮助下，从最初的自我效能感不足，逐渐建立了学习数学的信心，最终在数学方面取得了明显的进步。这种成功的经验不仅可以帮助艾布特在学习中更加自信，还可以帮助他在日常生活中更好地应对各种挑战和困难。心理学家将这种对自己能力秉持的信念或信心称为自我效能感。自我效能感是个体具备的一种坚定不移的、相信自己具备取得成功要素的信念。自我效能感由斯坦福大学班杜拉（Albert Bandura）在 20 世纪 70 年代首次提出，目前已经成为教育界一个重要的概念，正被广泛应用于医疗保健、管理、运动，以及诸如发展中国家的艾滋病等看起来极为棘手的社会问题领域。自我效能感同时也是横扫心理健康领域的积极心理学运动的主要特征。

自我效能感的定义

自我效能感指个体对自己完成特定任务的信心和能力的评价。自我效能感是自我概念的重要组成部分，能够影响个体的行为、情绪和认知等方面。自我效能感既受个体自身经验和能力水平的影响，也受周围环境的影响。自我效能感的概念最早由美国心理学家班杜拉提出，指个体对自己是否有能力完成某一行为进行的推测与判断。换句话说，自我效能感就是一个人对自己能够完成某项任务或达成某个目标的相信程度。从20世纪80年代中期开始，自我效能感的理论得到了丰富和发展，也得到大量实证研究的支持。然而，时至今日，关于自我效能概念的界定并非十分明确，特别是在与其他相关概念的区分上，这也给自我效能感的测量和应用带来了困难。

班杜拉认为，自我效能感与自尊不同，自我效能感是个体对自己特定能力的一种判断，而非自我价值的一般性感受。班杜拉教授曾说："人们很容易有强烈的自尊心——只要降低标准就好了。"班杜拉教授还曾指出，有些人具备很高的自我效能感，努力驱动自我前进，但是自尊心却不强，这是因为他们的表现总是达不到他们高高在上的标准。尽管这类人自尊心不强，但由于他们坚持不懈地努力，他们终将取得成功。实际上，如果成功来得太容易，一些人永远也学不会从挫折中学习的能力。班杜拉教授指出，人必须学会应对失败，从失败中汲取经验，而不是任由失败带来受挫感。班杜拉教授常常在他的电子邮件中附有这样的签名："愿效能的力量与你相随！"乔丹也曾说过："我曾经经历过无数次失败，而那正是我成功的原因。"

　　班杜拉认为，个体的自我效能感是从经验中得来的，通过自身的努力获得成功经验，进而提高了个体的自信心和自我效能感。如此循环往复，逐渐形成了一个良性发展的循环，使个体面对任务时更加自信。

　　自我效能感的概念提出以后，心理学、社会学和组织行为学领域开始进行大量相关研究。班杜拉认为，由于不同领域之间存在差异，所需要的能力、技能也千差万别，因此，一个人在不同的领域中的自我效能感也是不同的。因此，并不存在一般的自我效能感。任何时候讨论自我效能感，都是在讨论与特定领域相联系的自我效能感。但是，一些学者并不同意这一观点，他们希望找到一个不以领域为转移的一般的自我效能感。研究结果表明，一般的自我效能感实际上正是一个人的自尊水平，一般的自我效能感对工作绩效的预测力并不显著。

【知识卡】

班 杜 拉

班杜拉（Albert Bandura，1925—2021）生于加拿大，卒于美国加利福尼亚州。1949年毕业于温哥华不列颠哥伦比亚大学，后入美国爱荷华大学，师从斯彭斯研究学习理论。1951年，班杜拉获心理学硕士学位。1952年，班杜拉获心理学博士学位。1953年，班杜拉到斯坦福大学任教。1974年，当选美国心理学会主席。2021年去世。班杜拉共获得19所大学或机构的荣誉学位。曾获美国心理学会杰出科学贡献奖（1980）、美国心理学会终身成就奖（2004）、美国心理学基金会终身贡献金质奖（2006）、格文美尔心理学奖（2008）、加拿大总督功勋奖（2015）和美国国家科学奖章

（2016）等奖项或荣誉。

班杜拉早期从事心理治疗研究。1958年后，班杜拉与他的学生沃尔特斯合作研究青少年的攻击行为，后又致力于社会学习理论的研究，强调认知过程、代替性强化和自我调节在人类行为中的重要作用，提出交互决定论，认为人的行为是由环境、行为和人三种变量交互作用决定的。班杜拉用实验法研究儿童的观察学习。他认为，人类许多复杂的行为都是通过观察学习获得的，学习者无须事事通过亲身接受外来的强化进行学习，通过观察别人的行为，人可以代替性得到强化。班杜拉的社会学习理论又被称为社会认知理论，在心理学界有较大的影响。班杜拉提出并发展了自我效能感等概念。班杜拉的主要著作有：《社会学习与人格发展》（与沃尔特斯合著，1963）、《思想与行为的社会基础：一种社会认知理论》（1986）、《行为矫正原理》（1969）、《社会学习理论》（1977）、《自我效能：控制的实施》（1997）等。

自我效能感不仅影响个体的行为，还影响个体的情绪和认知等方面。例如，一个在运动方面有自我效能感的人，在面对运动方面的挑战时，不但有面对挑战、克服困难的行为和勇气，还有不怕困难、自信坚强的乐观情绪和毅力。反之，一个在运动方面缺少自我效能感的人，则更容易陷入自我怀疑和否定的负面情绪和认识中，也会采取躲避困难等行为。

自我效能感的影响因素

班杜拉等人的研究表明，自我效能感的形成主要受以下因素影响。

个人的成败经验

个人的成败经验对个体的自我效能感影响最大。通常情况下，个体的成功经验会提高个体的自我效能感，反复失败会降低个体的自我效能感。然而，事情并不是这么简单。个体的成功经验对个体自我效能感的影响还要受个体归因方式的左右。如果个体把自己的成功归因于外部机遇等不可控的因素，就不会增加个体的自我效能感；如果个体不把失败归因于自我能力等内部的可控的因素，就不会降低个体的自我效能感。因此，个体的归因方式直接影响个体自我效能感的形成。

记下你的心得体会

【知识卡】

习得性无助

习得性无助是指个体面临不可控的情境时，无论怎样努力也无法改变事情结果，继而放弃努力的一种心理状态。

美国心理学家塞利格曼以狗为研究对象开展实验研究。起初，他把狗关在笼子里，只要蜂音器一响，他就给狗施加电击。狗被关在笼子里，逃避不了电击，于是在笼子里狂奔，屁滚尿流，惊恐哀叫。多次实验后，不论蜂音器怎么响，狗都趴在地上，既不惊恐哀叫，也不在笼子里狂奔。后来，即使把笼门打开，狗也不会逃走。狗本来可以主动逃避，却绝望地等待痛苦的来临，这就是习得性无助。

为什么狗连"狂奔、屁滚尿流、惊恐哀叫"这些本能的反应都没有了？因为狗已经知道，那些反应是无用的，反复对狗施加的让狗无可逃避的强烈电击造成狗的无助和绝望。

替代经验或模仿

人的许多自我效能感来源于替代经验或模仿。这里的一个关键点是：观察者与榜样的一致性，即榜样的情况与观察者非常相似。

言语劝说

言语劝说对自我效能感的影响取决于它是否切合实际。缺乏事实基础的言语劝说对自我效能感的影响不大，在直接经验或替代经验基础上进行的言语劝说，会对个体的自我效能感产生影响。因为言语劝说简便、有效，在日常生活中得到广泛应用。

情绪唤醒

班杜拉在"去敏感性"研究中发现，高水平的情绪唤醒降低个体的成绩，影响自我效能感。当人们不为厌恶刺激困扰时，往往具有更高的自我效能感。个体面临某项活动任务时，强烈的、激动的情绪和身心反应通常会妨碍个体的行为表现，降低个体的自我效能感。

情境条件

不同的情境条件提供给人们的信息是大

不一样的。某些情境条件比其他情境条件更难适应和控制。当一个人进入陌生而又易引起焦虑的情境时，个体自我效能感的水平与强度就会降低。

上述五种因素对自我效能感的影响依赖于个体对事件的认知和评价。个体的自我效能感受个体对事情认知和评价的影响，也受任务难度、付出努力的程度、接受外界援助的多少、取得成绩的情境条件等因素影响。

心理学上的自信不是一个人的性格、外表、打扮、谈吐多么外向、光鲜，也不是一个人在顺境时表现出的乐观、积极、有爱，而是在逆境、无常、自我贬低、自负等困难情境出现时，能快速调整自己，相信自己拥有处理问题的能力，也就是自我效能感。

自我效能感的研究已经涉及教育、职业、健康等多个领域。在教育领域，自我效能感被认为是学生学习成就和学业动机的重要影响因素；在职业领域，自我效能感被认为是员工成功和职业发展的重要预测因素；在健康领域，自我效能感被认为是患者应对疾病和康复的重要因素。例如，在家庭、学

記下你的心得体会

校、工作场所等环境，支持和鼓励可以提高个体的自我效能感，而否定和批评则会削弱个体的自我效能感。

提高自我效能感的方法

如何提高自我效能感？以下是一些实用的方法。

归因训练

心理学中最常用的提高自我效能感的方法就是归因训练。通过自我反思和自我评估，发现并调整自己在不同情境中的归因模式，可以提高个体的自我效能感。

归因是什么呢？归因是指个体对他人或自己行为原因的推论过程。具体来说，归因就是观察者对他人的行为过程或自己的行为过程进行的因果解释和推论。举个例子，在受到外界刺激时，人们会不自主地对这件事归因，会想这件事是什么原因造成的。自我效能感不足的人在归因时往往会将成功归因于外部原因。外部原因往往是个体无法控制的部分，个体丧失这种控制感后，便把困难夸大成永远的困境，把成功看作是运气或幸运。我们要帮助和引导个体进行科学的归因，更加清晰地认识自己，从而提高个体的自信心和自我效能感。

【知识卡】

归 因 理 论

自海德在20世纪50年代提出归因理论以来，一些学者在海德的基础上，陆续提出一些新的归因理论。归因是社会心理学的热点研究领域。

海德的归因理论

海德重视人的知觉研究，认为对人的知觉进行研究实质就是考察一般人处理有关他人和自己的信息的方式。海德对个体的行为非常感兴趣，他像一个"朴素的心理学家"，努力寻求行为的因果解释。

在海德看来，行为的原因或者在于环境或者在于个人。如果行为的原因在于环境，那么行为者对其行为结果不负责任；如果行为的原因在于个人，那么行为者就要对其行为结果负责。环境原因如他人、奖惩、运气、工作难易等；个人原因如人格、动机、情绪、态度、能力、努力等。如果一个学生考试不及格，可能是个人原因，例如，他能力不够或不努力等；也可能是环境原因，例如，课程太难、考试不合理等。海德关于环境与个人、外因与内因的归因理论成为后来归因研究的基础。

琼斯和戴维斯的相应推论理论

琼斯和戴维斯将他们在20世纪60年代提出的归因理论称为相应推论理论。相应推论理论主张，当个体进行归因时，要从行为及行为结果推导行为意图和行为动机。推导出的行为意图和行为动机要与所观察到的行为和行为结果对应。一个人关于行为和行为结果拥有的信息越多，对该行为意图和行为动机的推论的对应性就越高。一个人的行为越是异乎寻常，对行为和行为结果拥有的信息越少，则对行为意图和行为动机的推论对应性就越低。

影响对应推论的因素主要有三个：（1）非共同性结果。非共同性结果指行为方案有不同于其他行为方案的特点。例如，一个人站起来，走过去关上窗户，穿上毛衣，此时，我们可以推断他感到凉了。单是关上窗户的行为也可能表示防止窗外的噪声，而穿上毛衣这个非共同性结果就可以使人推断关上窗户这个行为是由于他感到凉了。（2）社会期望。一个人表现出符合社会期望的行为时，我们很难推断他的真实态度。如一个参加聚会的人在离开聚会时对主人说对聚会很感兴趣，这是符合社会期望的说法，从这个行为很难推断其真实的意图。然而，当一个人的行为不符合社会期望或不为社会公认时，该行为很可能与个体真实态度相对应。例如，参加聚会的人在离开聚会时对主人说聚会很糟糕，这是不符合社会期望的行为，它很可能反映了这个人的真实态度。（3）选择自由。如果我们知道一个人从事某一行为是自由选择的，我们倾向于认为这个行为与他的态度是对应的。如果一个人从事某一行为不是自由选择的，那么我们很难作出相应的推论。

凯利的三维理论

凯利认为，人在归因过程中总是涉及以下三个因素：（1）客观刺激物（存在）；（2）行为者；（3）所处的关系或情境。这三个方面构成了一个协变的立体框架，所以凯利将该理论称为三维理论。三维理论遵循协变性原则。三个因素的任何一个因素的归因都取决于行为的三个变量：一致性、一贯性和区别性。一致性，针对人，即其他人对同一刺激是否也作出与行为者相同的反应。一贯性，针对情境，即行为者是否在任何情境和任何时候对同一刺激作出相同反应。区别性，针对客观刺激物，即行为者是否不对同类其他客观刺激作出相同反应。

维纳的归因理论

维纳认为，内因—外因只是归因的一个维度，还应当增加另一个维度，即暂时—稳定。内因—外因和暂时—稳定这两个维度都是重要的，而且是彼此独立的。暂时—稳定维度在形成期望、预测未来的成败上至关重要。例如，如果我们认为甲工作做得出色是由于他的能力强或任务容易等稳定因素造成的，那么就可以期望，将来给甲分配同样的任务，他还会做得出色。如果我们认为甲工作出色是因为他心情好或机遇好等暂时因素造成的，那么我们就不会期望甲将来还会工作出色。后来，维纳又提出了另一个重要维度，即控制点。维纳认为，努力、他人帮助等因素是受人控制的，是可控因素；而能力、运气等因素是不受人控制的，是不可控因素。

寻求支持和反馈

寻求支持和反馈，与他人分享自己的成就和困难，得到他人的支持和鼓励，有助于个体更加清晰地认识自己的能力和潜力，从而提高自信心和自我效能感。

制订明确的目标和计划

制订明确的目标和计划，分阶段实现目标，可以不断提高自己的能力和自我效能感。

保持积极的心态

保持积极的心态，通过积极的情绪调节和认知重构，消除负面情绪和自我怀疑，可以提高自信心和自我效能感。

【知识卡】

自我效能感的神奇力量

英国知名女演员安德鲁斯（Julie Andrews）在她的自传《家》中提到了她12岁时试镜的经历。安德鲁斯这样写道："当时我看起来如此平凡，他们必须给我化点妆才行。"然而，最后的结论是——她不够上镜。即便如此，安德鲁斯仍然相信自己，继续坚持演艺事业，最终取得辉煌的成就，赢得多个知名奖项。

J. K. 罗琳（J. K. Rowling）那本风靡全球的关于少年魔法师的著作《哈利·波特与魔法石》在被伦敦一家小型出版公司接纳之前，曾被 12 家出版社拒绝。

迪卡唱片公司曾拒绝与披头士乐队签约，原因是，我们不喜欢他们的声音。迪士尼（Walt Disney）曾经被一家报纸以"缺乏想象力"为由解雇。"飞人"乔丹（Michael Jordan）上高中时曾被校篮球队拒之门外。

是什么让这些人能够走出被拒绝的阴霾，坚定信念并最终获得成功？为什么有些人在挫折面前却选择了认输？这是因为有些人具备一种坚定不移的信念，相信自己一定可以取得成功。换句话说，是自我效能感的神奇力量，让一些人相信自己，最终取得成功。

综上所述，自我效能感是自我概念的一个重要组成部分，能够影响个体的行为、情绪和认知等方面。个体的自我效能感既受个体自身的经验和能力水平的影响，同时也受周围环境的影响。个体可以通过归因训练、寻求支持和反馈、制订明确的目标和计划、保持积极的心态提高自己的自我效能感。

小结

1. 自我效能感指个体对自己完成特定任务的信心和能力的评价。自我效能感是自我概念的重要组成部分，能够影响个体的行为、情绪和认知等方面。

2. 自我效能感的形成主要受个人的成败经验、替代经验或模仿、言语劝说、情绪唤醒和情境条件的影响。

3. 提高自我效能感的方法很多，个体可以通过归因训练、寻求支持和反馈、制订明确的目标和计划、保持积极的心态来提高自我效能感。

反思·实践·探究

晓园中学的体育节将在十月份第二个星期召开。体育节是形成和加强班集体凝聚力的一个良好契机，特别是作为集体项目的拔河比赛，如果能赢得年级第一名，将会提高班级成员的自信心。

有一个班级男生平均身高不高，体格看起来也没有其他班强壮，女生的身体素质虽然不错，但女生比男生力量小，班级总体优势不明显。

十月份第一个星期放假，这个班级的班主任和体育老师没有教学生怎样拔河，更没有进行实际训练。

体育节拔河比赛时，第一场，这个班级对战一个相对弱一点的班级。同学们一开始心里没底。换句话说，这个班同学的自我效能感没有建立。在轻松赢得第一场比赛后，这个班的同学们自我效能感大大增强。班杜拉指出："如果任务难、外援少且自身努力不够，这时的成功会增强自我效能感。"第二场比赛，这个班级对战一个他们认为很强的班级，这时，这个班的班主任在技术上给予指导，在思想上给予言语暗示："虽然他们班人高马大有力量，但拔河比赛比的是团结、技术和坚持，而不只是几个人的力量，我们班很团结，我们班有技术，我们班能坚持，所以我们一定可以成为一个强有力的对手，即使他们能赢，也不能让他们轻松赢。"这个班的同学用尽全力，然而，出乎意料的是，他们认为的强大对手却几秒内就失败了。与第一场比赛后寥寥几个人欢呼的情形比起，第二场比赛胜利后，这个班的同学大声欢呼起来，班级同学的自我效能感经过两场胜利得到进一步加强。这符合班杜拉的观点，即个体主要是通过亲身经历获得关于自身能力的认识，因为靠自己的亲身经历得到的关于自身的认识最可靠，所以个体的亲身经历成为自我效能感最强有力的信息源。

1. 上述例子中，这个班级胜利的秘诀是什么？

2. 日常生活中你会选择用什么样的方法提高自我效能感？

乐观

【知识导图】

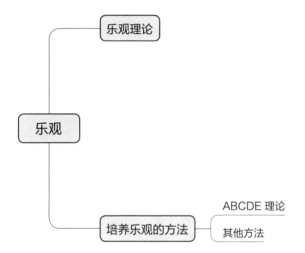

亨利·福特是福特汽车的创始人，他的成功不仅来自他的创新和商业头脑，更来自他的乐观、坚韧和勇气，这些积极的心理品质在他成功的道路上起到了至关重要的作用。在福特年轻的时候，他是一名工程师，拥有着优秀的专业技能和天赋。在一次修筑河堤的工程中，福特领导着一个团队。但是天公不作美，一场暴风雨袭来，所有机器设备都被淹没了。工程遭受了严重的破坏，工人望着遍地泥泞和机器，流着泪，感到十分沮丧。

然而，福特并没有因此而灰心丧气。相反，他展现出了他的乐观和决心。他问工人为什么哭，他告诉工人："虽然这里都是泥，但我只看到了蔚蓝的晴空，天空上没有泥巴，如果有的话，太阳一照，泥土就会结块，最终会变成坚硬的土地。"福特告诉工人，他们可以重新开始，因为这只是一个暂时的挫折，而不是失败的终点。福特的乐观和决心激励了他的团队，他们开始重新策划和修建河堤。他们克服了许多困难，最终完成了这个工程。福特还发展了自己的商业事业，创立了福特汽车公司，并且成为一名成功的企业家。

福特的故事告诉我们，成功不仅仅取决于一个人的专业技能和头脑，更取决于一个人的心态和品质。人必须拥有积极向上的态度，坚韧不拔的精神，勇于面对挑战和困难的勇气，才能获得成功。福特的故事也告诉我们，失败只是暂时的，成功则需要经过坚持不懈的努力和不断尝试。只有不放弃的人才能最终赢得成功。福特的故事还提醒我们，我们应该从失败中吸取教训，不断改进自己的专业技能和方法。我们必须要学会从失败中站起来，重新开始，而不是沉浸在挫折中。只有不断进步和改进，才能在竞争激烈的商业世界中获得成功。

世界上的事物都具有两面性，我们对生活中的事物，尤其是那些复杂或新异的事物也存在两种截然不同的态度——乐观和悲观。乐观与悲观是人类心理中两种相对应的心理特质。这两种心理特质会影响我们对待生活中各种问题和挑战的态度和方法。人的本质是趋利避害的，所以乐观能够让人积极进取，悲观让人消极防御。悲观主义者倾向于认为自己对事情的发展负有责任，即使事情出错的原因与自己无关，他们也会认为是自己的错。这种思维方式会导致他们感到沮丧和失落，难以从失败和挫折中恢复过来。与之相反，乐观主义者在面对困境时会保持一种积极的态度。他们相信每个失败都有它的原因，不是自己的错，可能是环境、运气或其他人为原因导致。乐观主义者更容易从失败和挫折中恢复过来，因为他们相信失败是暂时的，而不是永久的。他们会将困境看作是一个机会，一个挑战，而不是一种威胁。这种积极乐观的态度会帮助他们更好地应对生活中的各种问题和挑战。

乐观理论

在积极心理学领域，有两种乐观理论：气质论和能力论。

气质论认为，人们的乐观或悲观程度是相当稳定的，乐观是一种天生的气质。能

记下你的心得体会

力论则认为，乐观是通过后天培养和训练培养出来。美国心理学家沙尔（Michael E. Scheier）和卡弗（Charles S.Carver）是气质论的代表人物，他们提出了气质性乐观的概念。他们把乐观这一人格变量定义为气质性乐观主义。研究发现，乐观和悲观并不仅仅与特定的事件或问题相连。尽管每个人都会有时乐观，有时悲观，但心理学家还是能区分出每个人较为稳定的乐观态度的程度，据此可以描述人们迎接生活中挑战的不同方式。我们可以把个体放在一个连续体上，一端是最乐观地看待生活，另一端是典型的悲观主义态度。

　　研究者发现，与气质性乐观程度低的人相比，气质性乐观程度高的人有明显优势。乐观看待生活的人比非乐观看待生活的人取得更多成就。乐观主义者给自己设置更高的人生目标，相信自己能达到那些人生目标。许多心理学文献都提到，对自己有信心是成功的关键。尤其是，乐观主义者不会因挫折和暂时失败而沮丧消沉。他们认为，人们对事物的看法是天生的，不会受外界环境的影

记下你的心得体会

响。这意味着，即使面对同样的困境，乐观主义者和悲观主义者的看法和反应也会有所不同。

能力论认为，乐观可以通过后天和训练来培养。美国心理学家塞利格曼在他的著作《活出最乐观的自己》中提出了更具实践操作性的概念——乐观型解释风格。乐观型解释风格可以通过后天培养，主要指通过归因训练，将坏事归因于外部的、不稳定的、具体的原因。乐观型解释风格可以帮助人们更好地应对生活中的困难和挑战。

【知识卡】

塞 利 格 曼

塞利格曼（Martin Seligman）是一名美国心理学家，曾获美国应用与预防心理学会的荣誉奖章，1998年当选为美国心理学会主席。塞利格曼是积极心理学的重要奠基人之一。他的研究主要涉及习得性无助、抑郁、乐观主义和悲观主义等领域。

塞利格曼出生于美国纽约州奥尔巴尼。尽管他一开始热衷于篮球运动，但未能入选篮球队，之后，他转而投入学术研究领域。在年轻时，他专注于阅读，尤其是 S.弗洛伊德的《精神分析引论》给他留下了深刻的印象。1964 年，塞利格曼从普林斯顿大学毕业，随后进入宾夕法尼亚大学学习实验心理学，研究狗在受到预定的不可避免的伤害后表现出的无助行为。

塞利格曼对传统的学习理论进行了检验和探讨，并提出了动物的学习与它们的活动无关，简言之，动物的学习是被动的。他于 1967 年获得哲学博士学位，之后，在科内尔大学任教。随后他回到宾夕法尼亚大学，在该校的精神病学系接受了为期一年的临床培训，于 1971 年重返心理学系。1976 年，他晋升为教授，并在此期间出版了《消沉、发展和死亡过程中的无助现象》一书。此后，他系统地阐述了无助模式，并提出有机体的品质决定了无助的表达方式。他发现，当坏事发生时，那些将坏事的起因看作是固定不变的人往往陷入无助的境地。

以上是对塞利格曼的简要介绍。他的研究对于我们理解心理健康和积极心理学的重要性有着深远的影响。

研究表明，乐观主义者通常比悲观主义者更健康、更幸福、更成功。他们更有耐心和毅力，更有创造力和创新精神。因为他们能够更好地应对挫折和困难，更快地从失败中恢复过来。他们也更愿意接受挑战和冒险，因为他们相信自己可以克服困难。

乐观主义是一种积极、健康的心态，可以帮助我们更好地应对生活中的各种问题和挑战。虽然气质论和能力论对乐观的起源持有不同观点，但无论乐观是天生的，还是需要通过训练后天培养的，乐观都是值得个体追求和发展的积极心理特质。将好事归因于内部的、稳定的、普遍的原因；面临未知事件时，比起那些一进入情境就认为事情会变糟的人来说，相信自己会做得很好的人，更可能表现良好而且自我感觉良好。乐观主义者给自己设置更高的目标，并相信自己能达到那些目标。对自己的能力有信心是成功的关键。研究证实，乐观主义者不会为挫折和暂时的失败而沮丧消沉，通常身体健康状况更好，免疫系统更强，而悲观主义者经常体验到消极情绪，身体健康状态更差，血压更高。乐观主义者比悲观主义者工作表现更好。

　　乐观是一种典型的积极心理特质。有研究发现，长期坚持体育锻炼对乐观有直接影响。此外，体育锻炼还可以提高个体的自我效能，并且促进个体与他人的关系，从而对乐观产生间接影响。体育锻炼会唤醒脑中的奖励中心，可以帮助个体作好接收快乐的准备，让人感觉更有动力、更乐观。很多研究表明，体育锻炼能够改善个体的情绪，让个体的情绪变得更积极，并在积极情绪基础上拓展和建构，积累包括乐观等可以促进个体发展的长期的积极的心理资源。在体育比赛中经常会出现各种令人挫败的情境，这时，运动员需要意识到，出现某一失误只是自己具体细节做得不好（是可以改变的），不代表自己整体的失败，通过自身努力或听取专业人士的建议，改变这一细节的处理方式即可以产生积极的结果。在体育运动中，经常进行这种"积极归因"的训练，运动员提高运动能力的同时，乐观品质也得到了发展。

记下你的心得体会

培养乐观的方法

除了能力和动机，乐观也是决定个人成败的重要因素。乐观的人有梦想、相信自己会成功；而悲观的人经常想放弃，把精力浪费在对抗消极情绪上。我们都想成为一个积极乐观的人，因为乐观不仅可以让我们更快乐，还可以让我们更成功。那么，如何科学地培养乐观呢？

ABCDE 理论

积极心理学之父塞利格曼在《活出最乐观的自己》中介绍了让人变得更乐观的方法 ——ABCDE 理论。在介绍塞利格曼的 ABCDE 理论之前，笔者先简要介绍一下由心理学家埃利斯开发的 ABC 理论。当我们碰到消极的事件（adversity，A）时，我们最自然的反应就是不断地想它，这些思绪就很快就形成想法（belief，B）。此时，我们并不会意识到这些想法是消极的还是积极的。然后，这些想法会引起一些后果（consequence，C），例如，放弃、颓丧或是振作、再尝试，等等。塞利格曼在 ABC 理论的基础上，提出了 ABCDE 理论。

下面我们简单介绍 ABCDE 理论及其操作过程。

首先，请你准备一支笔和一张空白的纸，按要求在纸上写下以下内容：

A（消极的事件）。请你记录一件你觉得消极的或不好的事件，并尽可能客观地写出这件事的实际情况。

B（想法）。请在纸上记录下关于这件事，你内心的消极想法（注意：只需要写出想法，不用写出感受）。

C（结果）。请在纸上记录下想法导致的行为结果。

D（反驳）。对 B 中消极想法进行反驳，并在白纸上记录下来。

E（激发）。完成上述四个步骤后，请你认真体会自己在成功反驳消极想法后产生的一些新想法和新行为。同样，也请你将这些内容记录在纸上。

显然，在整个练习过程中，最重要的步

记下你的心得体会

骤是 D（反驳）。那么，该如何科学合理地
进行反驳呢？首先，你要让自己和自己的消
极想法保持一定的距离，要记住，它们不过
是一些想法和念头。你此刻认为某个想法或
念头是真实的和正确的，并不意味着这个想
法或念头真的是真实的和正确的。其次，你
要让自己冷静下来，给自己一点时间去验证
自己的这个想法或念头是否正确。你可以从
以下四个方面进行反驳：

1. 证据。反驳消极想法最有效的方法之
一便是举证，找一个证据来证明这个消极想
法是不符合实际的。

2. 其他可能原因。要反驳自己已经产
生的消极想法，要先查看一下所有可能的原
因，然后把重点放在可以改变且特定的非人
格化的其他可能原因上。

3. 暗示。有些时候，你的消极想法是正
确的，这时，你要考虑是否能找到一些积极
的暗示？

4. 用处。在某些特定的情境下，消极
想法产生的后果比这个消极想法本身更为重
要。如果你坚持这个消极想法，则会引起更

多的痛苦和伤害。如果这个消极想法是无用的，那么不去想这个想法正确与否，可以选择直接反驳它或者忽视它。

掌握了 ABCDE 理论及其操作方法后，要练习、练习、再练习，争取从容乐观地面对生活。

其他方法

除了上文所述的 ABCDE 理论外，还有一些更简单的培养乐观的方法。

1. 改变思维方式。将消极的思维转变为积极的思维。遇到挫折时，不要立即认为是自己的错，而要寻找问题的根源，找到解决问题的方法。

2. 学会感恩。珍惜自己已经拥有的东西，感恩身边的人和事情，这样可以让你更加满足和快乐，也可以帮助你更加乐观地看待未来。

3. 坚持乐观的信念。即使遇到挫折和困难，也要相信自己能够克服它们，相信一切都会变得更好。

4. 培养自信。相信自己的能力，相信自

记下你的心得体会

己可以做好一切。

5. 学会放松。学会一些放松身心的方法，例如，冥想、瑜伽等。这些放松身心的方法可以帮助你保持乐观的心态。

6. 寻求支持。遇到困难时，积极寻找社会支持。多与乐观的朋友交往，从他们身上学习积极乐观的态度，可以帮助你更好地培养乐观精神。

7. 培养积极的生活习惯。保持健康的生活方式，例如，规律饮食、充足睡眠和适当运动。这可以帮助你更好地应对生活中的各种挑战。

乐观主义是一种积极的、健康的心态，可以帮助我们更好地应对生活中的各种问题和挑战。虽然气质论和能力论对乐观的起源秉持不同观点，但是无论你是天生的乐观主义者，还是需要通过后天的训练和培养才能获得乐观主义精神，乐观都是值得你去追求和发展的一种积极的心理特质。

记下你的心得体会

小结

1. 气质论认为，人们的乐观或悲观程度是相当稳定的，乐观是一种天生的气质。美国心理学家沙尔（Michael E. Scheier）和卡弗（Charles S. Carver）是气质论的代表人物。

2. 能力论认为，乐观可以通过后天和训练来培养。美国心理学家塞利格曼在他的著作《活出最乐观的自己》中提出了更具实践操作性的概念——乐观型解释风格。

反思·实践·探究

19世纪，一些著名作家在他们的创作生涯中经历了挫折和困难。儒勒·凡尔纳是法国一位小说家，他的第一部作品《气球上的五星期》连续投了15家出版社，但都未被赏识，直到第16次投稿才终于被接受。美国作家杰克·伦敦写作初期也多次碰壁，没有出版社愿意出版他的作品，他不得不靠做苦力赚钱。然而，杰克·伦敦并不气馁，他用他不服输的气质，坚持写作并发表一篇又一篇作品，终于在文坛脱颖而出。丹麦著名童话家安徒生的处女作问世时，有人攻击他的作品，指责他的写作技巧差，但他并没有气馁，坚持不懈地写作，最终获得了成功。同样，英国诗人拜伦出版诗集《闲散的时光》后，遭到了批评者的诋毁。然而，拜伦并没有退却，而是用更出色的诗回击了那些诋毁他的人。

1. 儒勒·凡尔纳、杰克·伦敦、安徒生、拜伦成功的主要原因是什么?

2. 只要乐观就一定能心想事成吗?

3. 如何培养乐观心态?

希望

积极心理学

【知识导图】

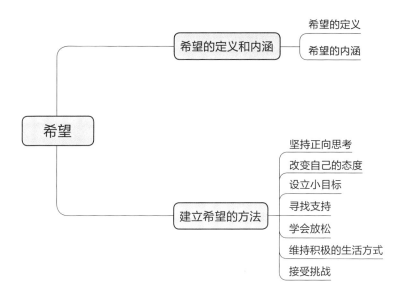

希望的定义和内涵

希望的定义

希望是德国当代哲学家恩斯特·布洛赫（Ernst Bloch）伦理学中一个核心范畴。希望指人类对尚未到来或可能到来之物的期待、希望和向往。

【知识卡】

布 洛 赫

布洛赫（Ernst Bloch，1885—1977）的哲学思想源于对"欧洲文明危机"的自觉应对。他通过创造性地融合犹太教、基督教、德国古典哲学和马克思主义，创建了独特的乌托邦哲学。他强调哲学关注的唯一问题是"我们"的存在本身，而"我们"的存在为"黑暗"和"惊奇"共同规定。一方面，"我们"永远无法在意识中达到"我们"的存在本身，为"黑暗"所笼罩；另一方面，"我们"又在"尚未意识"中，在对未来的希望中达到"惊奇"，与"我们"的存在本身相遇。面对现代性的危机，唯一的道路是重返"我们"的存在本身，在希望中坚守对人的存在本身的追问。这是一条以希望为原则的人本主义道路，也是一条乌托邦的道路。这条乌托邦的道路同时包括向内深入和向外扩张两大环节：前者使"我们"通达"自我遭遇"，后者使"我们"自觉展开与眼前这个虚假世界之间的决斗。布洛赫的乌托邦哲学主要包括艺术哲学、资本主义社会批判理论、新历史哲学和新形而上学。

布洛赫在《希望的原理》一书中提出，希望不仅是人的意识的根本特征，也是客观实在整体内部的一个基本规定。希望分为主观的希望和客观的希望。主观的希望指人心中的一种期待意识，产生出如恐惧、烦恼、希望、焦虑、痛苦等主观情绪，其中，只有希望使人面向未来，是最重要的情绪。客观的希望指主观希望与真正的可能性相关联时的希望，即主观的希望契合客观存在转化为客观的希望，即真正可能实现的希望。由于希望的定义强调希望只是对某种尚未实现的将来趋向的认识和把握，因而，即便是客观的希望，也并非定能实现和成功。布洛赫将希望理解为一种本体论现象，认为希望是存

记下你的心得体会

在的本质要素之一，存在的一切方面都充满着自我生成和实现的内在的期望意识。因而，希望是把握包括人性和人类社会在内的存在的本质所在。

希望的内涵

希望是一种人类共有的情感状态，是人们在面对未来时产生的积极向上的情感。希望具有丰富的内涵和作用：希望是激发人们前进的动力，让人们有信心、勇气和毅力去实现自己的目标和梦想；希望可以激发人们的积极性，让人们对未来充满期待和信心；希望可以给我们提供一种积极的态度，当我们面对困境和挑战时，希望让我们不断尝试、不断探索，最终达成自己的目标；希望可以激发人的创造力和创新精神，让人们在不断挑战自己的过程中不断进步和成长；希望还可以给人们带来心灵的安慰，让人们在面对困难和挫折时保持乐观和积极的心态；希望可以给我们带来光明，当我们感到失落和沮丧时，希望让我们看到未来的机会和可能；希望可以让我们从消极的情绪中走出来，重新振作，恢复自信和勇气；希望可以促进人与人之间的信任和合作，让人们相互支持、共同前行。希望可以让人们团结一心，共同面对挑战，共同努力，实现共同的目标；希望可以让人们感受到彼此之间的支持和关爱，让人们变得更加强大和有力。

建立希望的方法

建立希望是每个人都需要面对的任务和挑战。生活中总会遇到困难和挫折，需要我们用一种积极、乐观的心态来面对挑战，建立希望。建立希望并不是一件容易的事情，需要我们付出很多努力，以下是建立希望的一些方法。

坚持正向思考

积极、正向的思考可以帮助人们树立信心和勇气。在遇到困难时，我们不妨先问自己："我可以做什么？"而不是"我该怎么办？"这样可以让我们把注意力集中在解决问题上，而不是困难本身。

记下你的心得体会

改变自己的态度

态度决定一切。如果一个人认为自己无法做到某件事情，那么他就不可能成功。相反，如果一个人相信自己能够做到，那么他就有更大的成功的可能。所以，我们应该改变自己的态度，相信自己能够克服困难。

设立小目标

当我们面对一些看似无法克服的挑战时，我们可以将它们分解成若干个小目标。这样做可以让我们看到进步和成就，从而提高自信心和积极性。

寻找支持

当我们感到无助和失落时，我们可以寻找支持。支持可以来自家人、朋友、同事、社区组织，等等。他们可以给我们提供建议、鼓励和支持，帮助我们渡过困难时期。

学会放松

当我们感到焦虑、紧张或者失落时，我

记下你的心得体会

109

们可以学着放松自己。放松可以通过冥想、呼吸练习、瑜伽等方式来实现。这些方式可以帮助我们缓解压力和焦虑，让我们更加平静和自信。

维持积极的生活方式

积极的生活方式可以帮助我们提高心理素质并建立希望。积极的生活方式包括：健康的饮食、充足的睡眠、适量的运动、良好的人际关系，等等。

接受挑战

挑战是生活中不可避免的部分。我们应该接受挑战，勇敢面对。当我们克服困难时，我们会感到更加自信，也更有成就感。

建立希望需要我们付出很多努力和坚持。我们需要坚持正向思考、改变自己的态度、设立小目标、寻找支持、学会放松、维持积极的生活方式和接受挑战。这些方法可以帮助我们树立信心和勇气，克服困难，建立希望。

小结

1. 希望不仅是人的意识的根本特征，也是客观实在整体内部的一个基本规定。希望分为主观的希望和客观的希望。

2. 希望是一种人类共有的情感状态，是人们在面对未来时产生的积极向上的情感。希望具有丰富的内涵和作用。

3. 生活中总会遇到困难和挫折，这需要我们用一种积极、乐观的心态来面对挑战，建立希望。

反思·实践·探究

有一位孤苦伶仃的男子来到神住的地方，请求神赐予他一个美女。神告诉他，有一个非常美丽的姑娘叫作幻想，只要他闭上眼睛，幻想姑娘就会出现在他身边。于是，那个男子闭上眼睛，一直与幻想姑娘相伴。

有一天，一位少女经过那个男子的身边，看见他闭着眼睛，便问他在做什么。男子告诉她，他在守护着自己的幻想姑娘。少女自称是幻想姑娘的姐姐，名为希望，她表示愿意留下来陪伴他，只要他愿意睁开眼睛。然而，男子拒绝了她的提议，因为他害怕如果睁开眼睛，幻想姑娘就会消失，他不愿失去那美丽的幻想姑娘。希望见无法说服他，只能叹了口气，离开了。男子意识到他不能总是闭着眼睛，于是他决定猛地睁开眼睛，瞬间他看到了希望那动人的身影，然而，希望很快又消失了。

从那以后，男子一直后悔，如果他早点睁开眼睛，也许就能拥有希望姑娘的陪伴了。他意识到，虽然幻想姑娘非常美好，但那都是虚无缥缈的，只有睁开眼睛，抛弃幻想，才能发现真正的希望。

1. 希望是什么？

2. 希望和幻想的区别是什么？

3. 尝试用文中所述建立希望的方法来增强自己对生活的希望。

自尊

【知识导图】

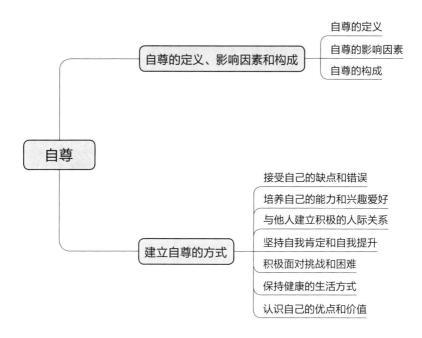

自尊的定义、影响因素和构成

自尊的定义

自尊是人类共有的情感体验，是指个体基于自我评价产生和形成的一种自重、自爱、自我尊重，并要求受到他人、集体和社会尊重的情感体验。

自尊也被称为自尊心，主要包括以下两个方面：一是自我尊重和自我爱护；二是对他人、集体和社会尊重的期望。自尊对个体评价自己的特点和能力有着重要的影响。自尊使个体认为自己有价值、重要，因而可以接纳自己、喜欢自己。自尊是一个人对自己的价值、能力和品德的认可和尊重，是人际交往中最基本的心理需求之一。拥有良好的自尊心是健康、自信和成功的基础。

自尊的影响因素

自尊的形成受社会因素和个体因素的共同影响。

影响自尊的社会因素包括：文化、价值观、教育、家庭环境等。在文化和社会环境中，如果社会价值观念不合理或过于功利，会影响人们的自尊心。在教育中，如果老师对学生的评价不公正或不合理，会影响学生的自尊心；如果学生在学业上出现困难，得不到及时帮助和支持，也会影响学生的自尊心。在家庭中，如果父母对孩子的评价过于苛刻或不公正，会影响孩子的自尊心；如果父母不关心孩子的表现或没有给予足够的关注，也会影响孩子的自尊心。社会中关于成功的价值观念常常会影响青少年的自尊心，社会文化的多元性也会对青少年的自尊心产生影响。当个体接触不同文化背景的人时，就能够理解并且尊重他人的差异，秉持求同存异，这有利于个体建立更加健康和多元的自尊心。

影响自尊的个人因素包括：性格、经历、身体健康等。在性格上，如果个体过于骄傲或自大，会影响个体自尊心的发展；如果个体缺乏自信或过于敏感，也会影响自尊心的发展。在经历上，如果个体曾经遭受过挫折或失败，会影响个体自尊心的发展；如果个体得到过他人的认可和尊重，会促进个体自尊心的发展。在身体健康上，如果个体有严重的身体缺陷或疾病，会影响个体自尊心的发展；如果个体保持良好的身体健康，会增强个体的自尊心。

一般来说，社会因素对自尊的形成起着决定性的作用，而个人因素则能够调节自尊的程度。除了社会因素和个人因素这两个重要因素外，人际关系和成就也会影响自尊的发展。人际关系是指个体与家人、朋友和同事等的人际关系。例如，在家庭中，如果个体与父母、配偶或子女的关系不和睦，个体的自尊心会受到影响；如果个体与朋友之间关系僵硬，得不到朋友的支持和鼓励，个体的自尊心也会受到影响；如果在工作中个体与同事的关系不和睦，同事对自己的评价是消极的或不公正的，个体的自尊心也会受到损伤。成就因素包括：学业成绩、工作业绩、社会地位等。如果个体在学习成绩较差、工作业绩不好、社会地位很低，那么会影响个体的自尊心。

综上所述，影响自尊的因素很多，对于个体而言，自尊的强弱对个体的发展有着重

记下你的心得体会

117

要的影响。过强的自尊会导致个体产生虚荣心，使个体过度关注自己的形象和地位，甚至不择手段地追求自己的目标；而过弱的自尊则会让个体产生自卑感，使个体缺乏自信心和勇气，无法积极地面对挑战和困难。同时，自尊也是大多数心理障碍——不仅是个人层面，也是社会层面——的潜在原因。因此，适度的自尊对于个体的发展和成长至关重要。

自尊的构成

在美国心理学家穆尔克（Chris Murk）的研究体系里，个体的自尊由两部分构成：对自身能力的认同和对自身价值的认同。如果个体认为自己既有能力又有价值的，那么他就属于是自尊水平高的个体，就会从多个方面认可自己。相反，如果个体认为自己缺乏能力或价值，或者二者都缺乏，那么在心理上可能就会产生防御性自尊。

防御性自尊分为以下三类。

第一类防御性自尊的个体认同自己的价值，但缺乏对能力的认同。换句话说，这一

记下你的心得体会

118

类个体能看到自己的价值，在自我价值认同上没有缺陷，但对自身的能力不太肯定。这类个体喜欢发一些与能力有关的社交信息，例如，我获得什么奖，我参加了什么会议，我写了什么文章等。他们期望通过发布此类社交信息获得他人对自己能力的认同，来弥补自身能力认同不足，减少焦虑。

第二类防御性自尊的个体认为自己很有能力，但是缺乏对价值的认同。这类个体往往觉得自己是被埋没的千里马，不是自己能力不行，只是没有伯乐发现自己的价值。在工作中总会担忧自身没有创造太大的价值，不甘于平庸因此更容易变成工作狂。因为他们认同自己的能力，缺乏的只是证明自己价值的成就。这类个体大多事业心重且求胜心较为强烈。

第三类防御性自尊的个体认为自己既没有能力也没有价值。这类个体通常会自暴自弃，放弃追求自尊，部分个体会尝试建立自尊。然而，因为自身缺乏能力，也难以创造价值，所以在建立自尊的过程中困难重重。个体试图以虚拟价值的手段去建立自尊，也就是淡化自身特质，强化群体特质，以群体的价值来代替自身的价值。例如，一些人会淡化自身价值，强化地域价值，以自己所在地域的价值和优势来增加自身的价值，抹杀他人的个人价值和能力，以此来满足自己内心对于自尊的追求。

在人际传播学中，自尊被定义为基于自我评价赋予自己的价值。个体一般会通过给予自己积极的评价来进行自我认同，满足自己的情感需要。自尊得到满足对于个体的心理健康和社会适应具有重要的影响，可以增强个体的自信和勇气，提高个体的生活质量和工作效率。

安全型自尊是心理学家提出的一种社会人格类型，这种类型的个体不因为外在条件，而因为自己的内在特质对自我评价良好。安全型自尊的个体通常具有独立、开放、自信、勇敢、适应性强等特点，能够在社会生活中得到广泛的认可和支持。

总的来说，自尊是一种非常重要的情感体验，它可以影响个体的自我评价和行为表现，进而对个体的发展和成长产生重要的影响。适度的自尊可以增强个体的自信和勇气，提高个体的生活质量和工作效率，而过度自尊或自尊不足则会对个体的心理健康和社会适应产生不利的影响。因此，在生活和工作中，我们应该时刻关注自己的自尊，适度地发挥自尊的积极作用，从而让自我价值最大化。

建立自尊的方式

我们从以下七个方面探讨建立自尊的方式。

接受自己的缺点和错误

每个人都不是完美的，每个人都有自己的缺点和错误。这些缺点和错误在某些时候可能会导致我们作出错误的决定或者犯下错误，这是不可避免的。但是，我们应该学会接受自己的缺点和错误，这是建立自尊的第一步。

如果我们试图掩盖自己的缺点或错误或者把错误归咎于他人，那么我们就会失去别人对我们的信任和尊重。相反，我们应该诚实地面对自己的缺点和错误，并从错误中学习。只有当我们承认自己的缺点和错误并从中吸取教训时，我们才能真正成长。勇于承认自己的错误并不会影响自己的形象，相反，它会增加别人对我们的尊重和信任。因为这种诚实和勇气展示了我们的真实性格和价值观，也表明我们有着成长和改进的决心。

我们应该学会用正确的态度去看待自己的错误和缺点，不要把它们看作是自己的失败或者缺陷，而是看作是自己成长和改进的机会。只有这样，我们才能够不断提升自己，成为更好的人。

培养自己的能力和兴趣爱好

自尊心的另一个重要来源是个人的能力和兴趣爱好。如果一个人能够在自己喜欢的领域中表现出色，那么他的自尊心就会得到极大的满足。因此，我们应该培养自己的能力和兴趣爱好，不断挑战自己，提高自己的技能水平。当我们能够在某一领域中获得成功时，我们就会感到自豪和自信。

与他人建立积极的人际关系

人是社会性动物，人需要与他人交往和沟通，这是人类生活中不可或缺的一部分。建立积极的人际关系可以增强个体的自尊心，帮助个体更好地适应社会，面对生活中的各种挑战和困难。

与他人交往时，我们应该保持开放和真诚的态度，尊重他人的意见和感受。我们应该以平等的态度去对待每一个人，不论他们的社会地位、年龄、性别、种族等。我们应该学会倾听他人的声音，理解他人的需求和想法。这样才能够建立起良好的人际关系，让每个人都感到被尊重和受到关注。

同时，我们也要学会表达自己的想法和需求，让他人了解我们。在与人交往中，我们不应该把自己的想法和情感隐藏起来，而要坦诚地表达自己，让他人了解我们的内心。这样才能够建立起更加深入的、相互支持和理解的人际关系。

在良好的人际关系中，个体可以得到支持和帮助，也可以支持和帮助他人，增强自己的价值感。在与他人的互动中，可以互相学习和交流，共同成长，也可以更好地认识自己，发掘自己的潜力和优点，让自己更加自信和积极。

因此，建立积极的人际关系对于每个人来说都是非常重要的。我们应该学会与他人交往和沟通，保持真诚和开放的态度，尊重他人，表达自己的想法和需求，从而建立起良好的人际关系，让自己成为更好的人。

坚持自我肯定和自我提升

自我肯定是建立自尊的重要方法之一。自我肯定指积极评价和认可自己的能力、价值和成就。在现代社会中，人们面临各种挑战和压力，也越来越需要自我肯定。

不管在什么情况下，我们都应该肯定自己的价值和能力，不要轻易否定自己。我们应该学会从积极的角度看待自己，发现自己的优点和长处，并且对自己的努力和成就给予肯定和赞扬。这样可以帮助我们建立起积极的自我形象，增强自己的自信心和自尊心。

同时，我们也应该不断地进行自我提升，不断学习和成长。只有不断进步和成长，我们才能更好地实现自己的梦想和目标，得到自己和他人的认可和尊重。我们应该不断地探索自己的潜能，学习新的知识和技能，提高自己的综合素质。通过不断地自我提升，我们可以更好地适应社会的变化和挑战，更好地实现自己的人生价值。

最后，需要注意的是，自我肯定并不是盲目自信和自我膨胀，而是在客观评价的基础上，积极地认可和肯定自己的能力和价值。我们应该清楚地认识自己的优点和缺点，并且努力弥补自己的不足。这样才能更好地实现自我肯定的目标，建立健康、积极的自我形象，让自己成为更好的人。

积极面对挑战和困难

在我们的人生旅途中，总会遇到各种各样的挑战和困难，这些困难有时会让我们感到无从下手、疲惫不堪。但是，我们不能轻易地退缩或放弃，因为只有坚定、积极地面对这些挑战，我们才能真正成长和进步。我

记下你的心得体会

们可以从不同的角度思考问题，寻找解决问题的方法，不断尝试，不断改进。通过克服这些困难，我们可以提高自己的能力和自信，增强自尊心，更好地应对未来的挑战与机遇。因此，让我们一起勇敢地面对生活中的挑战和困难，努力实现自己的目标和梦想！

保持健康的生活方式

保持健康的生活方式是我们维护身体健康和精神愉悦的重要途径。保持健康的生活方式包括很多方面的内容，如合理的饮食、适量的运动、良好的休息和睡眠等。这些健康的生活方式不仅有助于提高我们的自尊心，还可以帮助我们更好地应对生活和工作中的各种挑战。

合理的饮食对我们的身体健康至关重要。我们应该尽量选择新鲜、健康、均衡的食物，避免摄入过多的油脂、糖分和盐分。均衡的饮食可以为我们提供足够的能量和营养，保持身体的健康状态，增强我们的免疫力，预防疾病的发生。适量地运动也是保持身体健康的生活方式之一。运动可以促进血液循环，增强心肺功能，改善身体的新陈代谢，增强免疫系统，减轻压力和疲劳等。我们可以选择适合自己的运动方式，如散步、慢跑、游泳、瑜伽等，坚持锻炼可以帮助我们保持身体健康和精神愉悦。良好的休息和睡眠也是保持健康的生活方式之一。我们应该尽量保证每天的睡眠时间和质量，建立良好的睡眠习惯。充足的睡眠可以帮助我们恢复身体的能量和精神状态，增强我们的记忆和学习能力，提高工作和生活的效率。

保持健康的生活方式对我们的身体和心理健康都有着重要的影响。我们应该坚持健康的饮食、适量的运动、良好的休息和睡眠等健康的生活方式，让自己更加健康，精神更愉悦，更加自信并充满活力。

认识自己的优点和价值

除了接受自己的缺点和错误以外，我们还应该认识自己的优点和价值。每个人都有自己的闪光点，我们应该发掘自己的优点，肯定自己的价值，并利用自己优点为自己和他人创造更大的价值。

我们应该认识自己的优点和长处。这些优点可能是我们的天赋、技能、经验、性格特点等方面。我们可以通过自我反思、与他人交流、参加活动等方式，发现自己的优点和长处。只有真正认识到自己的优点，我们才能更好地发挥自己的潜力，提升自己的能力和水平。我们可以在工作、学习、生活等方面，充分利用自己的优点和长处，发挥最大的作用。例如，在工作中，我们可以把自己的专业技能和工作经验发挥到极致，为公司创造更大的价值；在学习中，我们可以利用自己的优点和长处，更好地理解和掌握知识，提高自己的学习成绩和能力；在生活中，我们可以利用自己的个性和特点，为他人带来快乐和帮助，建立更加良好的人际关系。我们应该不断地发掘和提升自己的优点和长处。我们可以通过不断学习、参加活动、与他人交流等方式，不断提升自己的能力和水平，发掘自己的新优点和长处。只有不断地发掘和提升自己的优点和长处，我们才能更好地实现自己的梦想和目标。

建立自尊是一个长期的过程，需要我们

从多个方面不断地努力和实践。通过接受自己的缺点和错误，培养自己的能力和兴趣爱好，与他人建立积极的人际关系，坚持自我肯定和自我提升，积极面对挑战和困难，保持健康的生活方式，认识自己的优点和价值，建立强大的自尊心，实现自己的梦想和目标。

小结

1. 自尊是人类共有的情感体验，是指个体基于自我评价产生和形成的一种自重、自爱、自我尊重，并要求受到他人、集体和社会尊重的情感体验。

2. 一般来说，社会因素对自尊的形成起着决定性的作用，而个人因素则能够调节自尊的程度。

反思·实践·探究

楚王知道晏子身材矮小，就叫人在城门旁边开了一个五尺来高的洞。晏子来到楚国，楚王叫人把城门关了，让晏子从这个洞进去。晏子看了看，对接待的人说："这是个狗洞，不是城门。只有访问'狗国'，才从狗洞进去。我在这儿等一会儿。你们先去问个明白，楚国到底是个什么样的国家？"接待的人立刻把晏子的话传给了楚王。楚王只好吩咐打开城门，迎接晏子。晏子将要拜见楚王。楚王说："齐国难道没有人了吗？怎么派你来呢！"晏子回答说："齐国的都城临淄有七千五百户人家，人们一起张开袖子，天就阴暗下来，一起挥洒汗水，就会汇成大雨，街上行人肩膀靠着肩膀，脚尖碰脚后跟，怎么能说没有人呢？"楚王说："既然这样，那么为什么会派你来呢？"晏子回答说："齐国派遣使臣，要根据不同的对象，贤能的人被派遣出使到贤能的国王那里去，没贤能的人被派遣出使到没贤能的国王那里去。我晏婴是最没有才能的人，所以只能出使到楚国来了。"

晏子又要出使楚国。楚王听到这消息，对手下的人说："晏婴，是齐国善于辞令的人，现在将要来到楚国，我想羞辱他，用什么办法呢？"手下的人回答说："当他来到的时候，请允许微臣捆绑一个人，从大王面前走过。"大王问："做什么的人？"回答说："齐国人。"楚王又问："犯了什么罪？"回答说："犯了盗窃罪。"

晏子到了楚国，楚王请晏子喝酒。喝酒喝得正高兴的时候，两个武士押着一个人到楚王面前。楚王问："押着的是什么人？"武士回答说："是齐国的人，犯了偷窃罪。"楚王对晏子说："齐国人本来就善于偷窃吗？"晏子离开座位，郑重地回答说："我听说过这样一件事，橘树生长在淮南是橘树，生长在淮北就变为枳树，只是叶子的形状相似，果实的味道完全不同。造成这样的原因是什么呢？是水土不同吧！现在百姓生活在齐国不偷窃，来到楚国就偷窃，莫非是楚国的水土使百姓善于偷窃吗？"楚王笑着说："不能同圣人开玩笑的，我反而自讨没趣了。"

晏子与楚王据理力争，争的是什么？有什么用？使用了什么策略？

积极心理学视角下的

情绪管理

积极心理学

【知识导图】

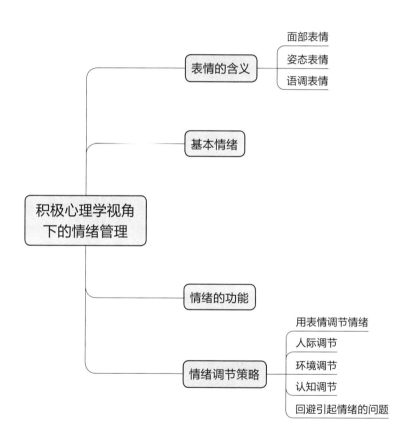

日本一家银行的一位职员，工作期间因工作和家庭压力过大，突然大哭，并且无法控制。这件事情引起了公司管理层的广泛关注和讨论，许多人提出情绪管理是非常重要和必要的事情。银行采取了应对措施，提供心理咨询和情绪管理培训等服务，帮助该员工更好地应对压力和情绪问题。

现代社会，工作和生活的压力越来越大，情绪管理能力越来越成为一个重要的技能。这个案例提醒我们，要重视自身的情绪健康，在出现情绪问题时，积极寻求帮助和支持，不要忽视情绪问题。

表情的含义

情绪是一系列内部的主观认知体验的通称，是人对客观事物的态度体验以及相应的行为反应。一般认为，情绪是以个体愿望和需要为中介的一种心理活动。情绪是人类行为和心理的核心之一，对于人类的生存、发展和健康都有着至关重要的影响。情绪一直是心理学研究的重点。

记下你的心得体会

虽然情绪是一种内部的主观认知体验，但是情绪产生时，往往伴随着一些外部表现。这些外部表现是情绪管理师可以观察到的个体的一些行为特征。通常，我们将这些与情绪有关的外部表现称为表情。心理学家将面部表情、姿态表情和语调表情统称为非言语表情。

面部表情

面部表情是指通过眼部肌肉、面部肌肉和口部肌肉的变化来表现的各种情绪状态。大家都听过"眉目传情"吧！是的，人的各个器官中，最善于传递感情的就是眼睛了。不同的眼神可以表达不同的情绪和情感。例如，高兴和兴奋时"眉开眼笑"，气愤时"怒目而视"，恐惧时"目瞪口呆"，悲伤时"两眼无光"，惊奇时"双目凝视"，等等。

眼睛不仅能传递感情，还能交流思想。人与人之间的许多事情只能意会，不能或不便言传。在这种情况下，通过观察他人的眼神就可以了解其内心的思想和愿望，推知他们的态度是赞成还是反对，是接受还是拒绝，是喜欢还是不喜欢，是真诚还是虚假等。可见，眼神是一种十分重要的非言语表情。艺术家在描写人物特征，刻画人物性格时，十分重视通过描述眼神来表现人内心的情绪和情感，通过眼神的描写，栩栩如生地展现人物的精神风貌。除了眼部之外，口部肌肉的变化也可以表达不同的情绪。例如，憎恨时"咬牙切齿"，紧张时"张口结舌"等，都是通过口部肌肉的变化来表达情绪的。研究者通过实验发现，人脸的不同部位对表达不同的情绪的重要性不同。例如，眼睛对表达忧伤最重要，口部对表达快乐与厌恶最重要，前额能提供惊奇的信号，眼睛、口部和前额等对表达愤怒情绪都很重要。

姿态表情

姿态表情又可以分为身体表情和手势表情两种。人在不同的情绪状态下，身体姿态会发生变化，如高兴时"捧腹大笑"，恐惧时"瑟瑟发抖"，焦急时"抓耳挠腮"，等等。手势表情常与言语一起使用，用来表达赞成或者是反对、接受还是拒绝等态度和思想情感。不过，手势也可以单独用来表达个体的思想情感或者作出某些指示。在无法用言语沟通的情况下，可以用手势来表达开始或停止、赞成或反对等。心理学研究发现，手势表情是通过学习得来的。手势表情不仅存在个体差异，而且存在民族或团体差异，后者体现了社会文化和传统习俗的影响。同一个手势，在不同的民族可能表达不同的情绪，例如，我们常比 OK 的手势。在美国和中国，OK 的手势代表"好""干得漂亮""没问题"等积极的意思，大家看到 OK 这个手势都会很高兴。在日本，OK 的手势代表钱。在巴西和德国，OK 的手势代表很严重的侮辱。对他们而言，做 OK 的手势与"竖中指"无异！在法国，OK 的手势表示"零"或者"毫无价值"，比 OK 这个手势就是说对方一文不值。在希腊和土耳其，OK 这个手势相当于影射对方是同性恋者。在意大利的撒丁岛和希腊一些地区，OK 的手势表示"滚开"。

语调表情

除面部表情、姿态表情以外，语调也

记下你的心得体会

136

是表达情绪的重要形式。"朗朗笑声"表达愉快的情绪,"呻吟"表达痛苦的情绪。言语是人们沟通思想的工具,同时,语调的高低、强弱、抑扬顿挫等,也是表达说话者情绪的重要手段。例如,播音员转播乒乓球比赛实况时,播音员的声音尖锐、急促、声嘶力竭,表达的是一种紧张而兴奋的情绪;播音员播出重要人物的讣告时,语调缓慢而深沉,表达的是一种悲痛而惋惜的情绪。

除了语言,人们还通过身体语言表达个人的思想、感情和态度。在许多场合,人们无须使用口头语言,只要看看他人的脸色、手势、动作,听听他人的语调,就能知道他人的意图和情绪。

基本情绪

研究者一直在争论,到底哪些情绪属于基本情绪,甚至是否存在基本情绪。基本情绪就是情绪的"三原色",以此为基础可混合出成千上万种情绪。美国心理学家艾克曼

记下你的心得体会

（Paul Ekman）的发现在一定程度上证实，人类的确存在少数几种核心的基本情绪。艾克曼指出，人类有四种基本情绪，分别是喜（喜悦）、怒（愤怒）、哀（悲伤）、惧（恐惧），分别对应特定的面部表情。这四种基本情绪在全世界人群中普遍存在，即使没有文字，尚未受电影、电视污染的人群，同样存在这四种基本情绪，这说明这四种基本情绪具有普遍性。

艾克曼认为，这四种基本情绪是人类天生具有的，在不同文化中普遍存在。艾克曼曾经到一个与世隔绝的部落做实验，让当地人看四种表情并猜测每种表情代表什么情绪。实验结果显示，当地人能准确识别快乐的表情，而其他消极情绪构成的表情则难以识别。这个实验说明，情绪的识别和表达存在文化差异。

为了深入探讨情绪的本质和情绪表达的文化差异，艾克曼提出面部表情行为理论，即情绪表达的面部表情是由特定的肌肉运动引起的。他认为，这些肌肉运动可以客观地测量和分析，从而可以得出情绪表达的客观

记下你的心得体会

138

指标。面部表情行为理论被广泛应用于情绪研究中，成为情绪识别和情绪调节的重要工具之一。艾克曼还提出了情绪的基本情境理论，即情绪的表达和体验是由情境和个体的认知、情感和行为反应共同决定的。他认为，情境是情绪表达和体验的重要因素，而个体的认知、情感和行为反应则是情境影响情绪的关键要素。基本情境理论强调情绪的多元性和复杂性，这在情绪识别和情绪调节中具有重要的指导意义。

艾克曼作为情绪研究领域的重要研究者，为我们了解情绪的表达和识别表情提供了重要的理论和实证基础。艾克曼的实验结果表明，情绪的表达和识别存在文化差异。艾克曼的情绪研究让我们更好地认识情绪，进而能够管理情绪，提高我们的生活质量和健康水平。

情绪的功能

情绪表达具有多样性，同时，情绪具有重要的功能。

【知识卡】

艾克曼

艾克曼（Paul Ekman）是美国心理学家，出生于华盛顿，主要研究面部表情的辨识、情绪与人际欺骗。1991年获美国心理学会杰出科学贡献奖。

艾克曼提出，面部表情有文化共通性。受达尔文《人与动物的情绪表达》一书的启发，艾克曼开始情绪研究。一开始研究西方人和新几内亚原始部落居民的面部表情，他要求受访者辨认各种面部表情的图片，并且用面部表情来传达自己认定的情绪状态，结果发现，某些基本情绪（快乐、悲伤、愤怒、厌恶、惊讶和恐惧）的表达在两种文化中很相似。

艾克曼和弗里森（W. V. Friesen）对面部肌肉群运动及其对表情的控制作用进行深入研究，开发了面部动作编码系统，同时定义了6种基本表情：高兴、生气、惊讶、恐惧、厌恶和悲伤。他们根据人脸的解剖学特点，将人脸划分成若干既相互独立又相互联系的运动单元，并分析了这些运动单元的运动特征及其控制的主要区域以及与之相关的表情，并给出了大量的照片。许多人脸动画系统都基于面部动作编码系统在艾克曼的研究生涯中，他曾研究新几内亚原始部落居民、精神分裂症患者、间谍、连续杀人犯和职业杀手的表情。政府、警方、反恐小组等机构，甚至动画工作室常请艾克曼担任表情顾问。

记下你的心得体会

情绪有利于个体适应和生存发展。在人类生存发展的早期，情绪就是人类赖以生存的手段。婴儿在刚出生时，不具备独立的生存能力和言语交际能力，这个时候主要依赖情绪传递信息，与抚养者沟通交流，得到抚养者的照顾。抚养者也是通过婴儿的情绪反应，判断婴儿的需求，及时为婴儿提供各种生活条件。在人类的生活中，情绪与人类的基本适应行为，包括攻击行为、躲避行为、助人行为和生殖行为等有关。这些适应行为有助于人类的生存发展和适应。情绪还直接反映了人的生存状况，是人心理活动的晴雨计，例如，愉快表示处境良好，痛苦表示面临困难，微笑表示友好。情绪还可以帮助个体维护人际关系，通过移情和察言观色可以感受和理解他人的情绪，进而采取相应的措施或应对策略等。总之，个体可以通过情绪了解自身或他人的处境，适应社会和环境的需求，更好地生存和发展。当然，情绪有时也有负面作用。一些球迷输球后情绪失控，作出冲动的行为，在赛场闹事、斗殴，破坏公共财产，甚至造成人身伤亡。

情绪是动机的源泉之一，是动机系统的一个基本成分。情绪能激发个体的活动，提高个体的活动效率。适度的情绪兴奋可以使个体的身心处于活动的最佳状态，推动人们有效地完成任务。研究表明，适度的紧张和焦虑能促使人积极地思考和解决问题。同时，情绪对于生理内驱力也有放大信号的作用，成为驱使人行为的强大动力。例如，人在缺氧的情况下，产生了补充氧气的生理需要，这种生理需要可能没有足够的力量让个体采取行动。但是，如果个体此时产生恐慌感和急迫感，那么这种紧迫的情绪会放大和增强个体的内驱力，使个体迅速采取行为。

情绪具有传递信息、沟通思想的功能。情绪的外部表现，即表情具有传递信息、沟通思想的功能。表情是思想的信号，如微笑可以表示赞赏；表情也是言语交流的重要补充，如手势、语调等能使个体表达的言语信息更加明显。从信息交流的发生上看，表情交流比言语交流要早得多，如在前言语阶段，婴儿与成人交流的唯一手段就是表情。情绪在人与人之间的社会交往中具有广泛的功能。情绪是社会的黏合剂，使人们接近某些人；情绪也是社会的阻隔剂，使人们远离某些人。由此可见，个体体验到的情绪，对个体之后的社会行为有重大影响。

情绪调节策略

情绪的产生是一个复杂的过程，受多种因素的影响，包括情境、刺激、需要、愿望、情境和个体的心理状态等。在生活中，我们常常会经历各种各样的情境，例如，工作、学习、交往等。这些情境会对我们的情绪产生不同的影响。例如，工作中的压力和挑战可能会让我们感到紧张和焦虑，而得到领导的表扬和认可则会让我们感到愉悦和满足。同样，学习中的成功和挫折、人际交往

记下你的心得体会

中的友好和冲突等都会对我们的情绪产生影响。情绪的产生和调节是一个相互作用的过程。在情绪产生的过程中，脑会接收来自环境的刺激，然后通过情绪中枢的神经元对这些刺激进行加工和评估，最终产生相应的情绪反应。在情绪调节的过程中，我们可以通过注意调节、认知重构、情绪表达、社会支持等多种情绪调节策略来调节自己的情绪状态。

注意调节指通过调整自己的注意来改变情绪状态。例如，当我们感到紧张和焦虑时，可以通过专注于自己的呼吸或者其他感官来分散注意，从而减轻自己的情绪负荷。认知重构指通过改变自己的思维方式来调节情绪状态。例如，当我们遇到挫折和困难时，可以通过改变自己的态度和思维方式来缓解自己的情绪，例如，寻找问题解决方案，避免一味地沉浸于消极情绪中。情绪表达指通过言语、肢体语言等表达自己的情绪，从而减轻自己的情绪负荷。例如，当我们感到愤怒或者沮丧时，可以通过与朋友或者家人倾诉来减轻自己的情绪负荷。社会支持指通过与他人的互动来获得情感上的支持和安慰，从而减轻自己的情绪负荷。例如，当我们遭遇挫折和困难时，可以通过寻求身边人的帮助和支持来缓解自己的情绪。

情绪调节策略分为三类：情境关注策略、认知关注策略和反应关注策略。分类可以帮助我们理解为什么不同的情绪调节策略会对情绪有不同的影响，产生不同的效果，以便于我们在不同的情境下根据当事人的具体情况选择合适的情绪调节策略。情境关注策略通过选择情境或在某种程度上改变情境来发挥调节情绪的作用。认知关注策略则通过将注意指向情境中某些特定的方面或是指向改变看待情境的方式来促进某些情绪和／或消除其他情绪。反应关注策略假定个体已经产生了某种情绪并且想要改变情绪的某些方面，个体可以通过谈论这种情绪将它从个体的系统中移除，通过睡觉、服药或喝酒等方式尝试关闭情绪体验，通过压抑情绪表达让别人看不出自己的感受。

具体来说，调节情绪的方法主要有以下

五种。

用表情调节情绪

有研究发现，愤怒和快乐的面部肌肉变化会使个体产生相应的情绪体验。愤怒的表情可以带来愤怒的情绪体验，快乐的表情可以带来快乐的情绪体验。当我们感到烦恼时，可以用表情调节情绪，例如，试着微笑一下，这可能会带来很好的调节情绪的效果。

人际调节

人与动物的区别在于人的社会属性。当你感觉情绪不好时，可以向周围的人求助，与朋友聊天、交谈可以调节情绪，使人暂时忘记烦恼，而与曾经有过共同快乐经历的人交谈，则能引起愉快的感觉。

环境调节

美丽的风景使人心情愉悦，而肮脏的环境会使人心情烦躁。当情绪不好时，你可以选择一个环境优美的地方，在美丽的大自然中，你的心情自然会得到放松。你还可以去

记下你的心得体会

那些曾经让你开心的地方，记忆会使你想起愉快的事情。

认知调节

人之所以有情绪，是因为人对事情的认知和解释不通。同一件事情，不同的人有不同的观点，不同的人会产生不同的情绪反应。因此，我们可以通过改变认知来改变情绪。例如，当我们在为某件事情烦恼时，我们可以重新评价这件事情，从另外一个角度看问题，改变刻板的、一贯的看问题的方式。

回避引起情绪的问题

如果我们既不能改变自己的观点，又不能解决引起情绪的这些问题，那么我们可以选择回避这些问题，暂时先避开这些问题，不去想它，待情绪稳定后，再去解决问题。有时候，问题的解决方案会在不经意间出现。

情绪是人类心理活动中不可或缺的一部分，情绪可以影响个体的思维、行为和身体健康。在生活中，我们需要学会调节自己的情绪，以便更好地应对各种情境。

【知识卡】

情绪研究进程

情绪是心理学的重要研究领域之一，自 20 世纪初以来，心理学家对情绪的研究不断深入和发展。以下是对心理学中情绪研究进程的简要概述。

1. 经典理论阶段（20 世纪初期）。经典理论认为，情绪是由外部刺激引起的生理反应，如心跳加快、呼吸急促等。情绪是生理反应的结果，而不是心理过程的结果。

2. 评价理论阶段（20 世纪中期）。评价理论认为，情绪是由个体对事件的评价决定的。评价理论强调个体对事件的评价对情绪的产生和表达起着重要的作用。

3. 生物学理论阶段（20 世纪后期）。生物学理论认为，情绪是由脑和神经系统的生物学过程决定的，是由脑和神经系统的激活和抑制产生的。

4. 社会文化理论阶段（21 世纪）。社会文化理论认为，情绪是由社会和文化因素决定的。情绪不仅是个体的内部体验，还受社会和文化因素的影响。

随着研究方法和技术的不断发展，心理学家对情绪的研究也变得更加复杂和深入。例如，功能磁共振成像和计算机断层扫描等可以帮助研究者更加直接地探究脑和神经系统与情绪的关系。同时，随着跨学科研究的发展，心理学家也将情绪研究与其他学科（如神经科学、社会学和人类学等）的研究相结合，这为情绪研究提供了更加广阔的视野和更加深入的探究空间。

小结

1. 情绪是一系列内部的主观认知体验的通称，是人对客观事物的态度体验以及相应的行为反应。

2. 心理学家将面部表情、姿态表情和语调表情统称为非言语表情。

3. 在情绪调节的过程中，我们可以通过注意调节、认知重构、情绪表达、社会支持等多种情绪调节策略来调节自己的情绪状态。

反思·实践·探究

心理学家对人们的交际情况进行研究后发现，在日常生活中，人们主要依靠非言语表情传递信息。研究结果显示，55%的信息通过非言语表情传递，38%的信息通过言语表情传递，而只有7%的信息是通过言语本身传递的。特别是在言语信息不清晰或有歧义时，非言语表情往往起到补充的作用。

　　人们可以通过表情准确而微妙地表达自己的思想和情感，也可以通过对方的表情理解对方的态度和内心世界。表情作为情感交流的一种方式，被视为人与人之间建立联系的纽带。很多时候，我们会用情绪来代替语言表达情绪和情感，表情能更直观地传递我们的情感和意义。

1. 非言语表情指的是什么？

2. 情绪的作用是什么？

3. 在日常生活中，你是如何调节自己的情绪的？